韓国で日本のテレビ番組はどう見られているのか

大場吾郎

人文書院

韓国で日本のテレビ番組はどう見られているのか　目次

第八章　日本のテレビ番組の国際競争力と今後の展開　185

韓国で日本のテレビ番組はどう見られているのか

まえがき

　筆者が留学のため、韓国・ソウルで生活し始めたのは一九八九年のことであり、ソウルオリンピックが開催された翌年だった。その後も、仕事や研究で定期的に韓国を訪れる機会に恵まれたが、この二〇年間で韓国社会は本当に変貌した。韓国には「一〇年経てば山河も変わる」という、日本の「十年一昔」のようなことわざがある。ましてや二〇年ともなると様々な変化が起きても不思議ではないが、特に韓国の場合、この二〇年間に民主化、経済破綻、ＩＴ革命と、社会のあり方を根底から変えるような出来事を経験してきただけに、変化が激しく感じられる。

　大小様々な変化が見られる中で、筆者にとって特に印象深いのは、今日、ソウルの街に外国語が溢れている点である。かつては、駅の案内も、広告のポスターも、レストランのメニューも、店に並ぶ商品のパッケージも、漢字や日本のかなで書かれたものはもちろん、アルファベットで書かれたものも少なく、ハングルのみということが当たり前だった。そのような空間に身を置いた心境を、関川夏央は韓国社会ルポルタージュの傑作『ソウルの練習問題』（一九八四）で、「ハングル酔い」と表現しているが、言い得て妙だと感じた。

いや、標記文字だけではない。一九八〇年代末になってもソウルにマクドナルドは二軒しかなく、外国車を目にすることもなく、デパートで売っている製品も韓国の国産ブランドばかりだった。愛国精神高揚や自国産業保護という意図があったのだろうが、極論を言うと、韓国は、韓国人しか住んでおらず、韓国語しか使われず、韓国料理しか食べられず、韓国製品しか売られていない、国際色の乏しい国という印象だった。そういえば、韓国は中国と地理的にも文化的にも近いにもかかわらず、世界中で目にするチャイナタウンが存在しない国だった。

翻って今日、韓国の公共交通機関では英語や中国語、日本語での案内も行われている。また、ソウルの街には世界各国の料理を提供するレストランが立ち並び、それぞれの国の言語で書かれた看板を掲げることで、本物らしさを醸し出している。外国車や外国ブランドの製品も当たり前のように存在している。一九八〇年代まで海外に労働力を送り出していた韓国は、急速な経済発展を経た今日、外国人労働者の受入国でもある。今やソウルが国際的な大都市であることに疑問を呈する者はいないだろう。

こういった表層的な変化と相まって、韓国人から「多文化社会」とか「文化的多様性」という言葉を、肯定的な文脈で聞く機会も増えたように思う。かつては自国の社会や文化に与える影響が警戒され、低俗で退廃的であると偏見の眼を向けられることが多かった外国の大衆文化も、今日の韓国では多種多様なものが堂々と流通している。しかし、そのような状況下にある韓国で、日本のテレビ番組はほとんど放送されていない。

厳密には、日本のテレビ番組全てというわけではないが、バラエティ番組は放送されていない。ドラマも地上波放送では流れることはなく、ケーブルテレビや衛星放送で、ごく少数の作品が放送されるだけである。二〇一〇年一〇月の時点では、一つのチャンネルが六タイトルのドラマを放送するのみであり、その他に数多く存在するケーブルチャンネルでは、日本のドラマは全く流れていなかった。

テレビ放送の多チャンネル化とは、チャンネル（＝番組の流通路）の数の増大であり、それらの放送スケジュールを充たすためには、国産の番組だけでは足りず、海外の番組に依存することは珍しくない。このことは、日本のBSおよびCSチャンネルで海外のドラマが数多く放送されていることを考えれば、理解しやすい。しかし、日本同様に多チャンネル化が進む韓国で、日本のテレビ番組は、その恩恵に浴することができずにいる。

実際、韓国政府系のシンクタンクである韓国コンテンツ振興院の調べによると、二〇〇八年に日本が韓国に輸出したテレビ番組は二七二七本、金額にして二九五万ドルで、その八割以上がアニメだった。一方、日本が韓国から輸入した額は七九一一万ドルと、輸出の二七倍に上った。二〇一〇年上半期だけを見ても、日本から韓国への輸出が四七五万ドルであるのに対し、韓国から日本への輸入は九七八七万ドルと、二〇倍以上になっている。韓国にとって長年の対日貿易赤字は深刻な問題であるが、テレビ番組の流通に限った場合、日本の大幅な輸入超過になっていることがわかる。

日本の番組が韓国で放送されていない現実を、筆者が日頃接している日本の大学生に話すと、一様に「意外だ」というような反応を示す。今日、日本のテレビ放送で多数の韓国の番組が放送されているため、先方でも当然、同じように日本の番組が流れていると錯覚するのだろう。しかし現実には、日本と韓国の二国間でのテレビ番組の流れを見た場合、大量の韓国のテレビ番組が日本に入ってくる一方で、日本のテレビ番組は韓国に入っていかないという、極めて非対称な構造が出来上がっているのである。

なぜ、このような非対称的な流れが現象として生じているのかは非常に興味深い。実際、韓国のテレビ番組が日本に数多く輸入され、放送されている理由に関しては、韓国のテレビ番組の特性や質と絡めて、これまで比較的多くの場所で論じられてきた。しかし一方で、日本のテレビ番組が韓国にほとんど輸出されず、放送もされていない点に関しては、あまり論じられることはなく、手付かずになっているような印象を受ける。

言うまでもなく、ドラマやバラエティ番組は、約六〇年にわたる日本のテレビ放送の歴史の中で、総合編成を行うテレビ局が力を入れ、いつの時代も多くの視聴者を惹きつけてきたジャンルである。今日、若者を中心に「テレビ離れ」が指摘され、その一方で、映画や漫画、大衆音楽、ゲームなど、多種多様なメディアコンテンツが人気を集めるが、それでも日本人にとっての最大公約数的なメディアコンテンツは、依然としてテレビ番組、特にドラマやバラエティ番組といった娯楽番組と言っていいだろう。

　また、ドラマやバラエティ番組などの実写作品が海外へ輸出された場合、外国人が日本人の日常生活や考え方、文化に接する機会を提供することにもなりうる。筆者はかつてアメリカの大学院に留学中、台湾人の友人たちが一〇代の頃、日本のドラマやバラエティ番組に夢中だったという話を聞いた。彼らは『ロングバケーション』や『学校へ行こう！』といった番組の視聴を通して、同世代の日本の若者の行動や考え方を知ったそうだ。無論、テレビ番組に描かれる事象の多くは、誇張されたり、あるいは矮小化されたものであって、現実とは異なるものも多いが、それらの番組が、多少なりとも、彼らの日本や日本人のイメージ形成に影響を与えたことは事実だろう。

　要するに、ドラマやバラエティ番組とは、日本のテレビ局にとっての主力製品であると同時に、日本人や日本文化理解の一助になりうるものである。ところが、そういった番組群が、日本と政治的・経済的・社会的・文化的・歴史的に非常に深く結びついた韓国で、ほとんど放送されていないのが実情である。なぜ、日本国内で人気が高いドラマやバラエティ番組が、隣国・韓国ではほとんど放送されていないのだろうか。前置きが長くなってしまったが、その理由を解明することが本書の趣旨である。

　ただ、実際にはいくつかの要因が存在し、それらが複合的に重なり合って、韓国で日本のテレビ番組が流れないという状況を生み出していると考えられる。そこで本書では、第一章で韓国のテレビ放送の全体像を概観した後、各章ごとにそれらの要因を検討していきたい。

例えば、詳細は第二章に譲るが、韓国は長年、日本の大衆文化製品を排除する政策を取ってきた経緯があり、段階的開放が進んだ今日においても、ドラマやバラエティ番組の放送は制限されている。こういった政策は、日本との歴史的な関係が端緒となっているとしても、今日の状況下で、どの程度の正当性を持つものなのだろうか。日本国内では、韓国は「韓流ブーム」を追い風に自分たちのテレビ番組を日本へ熱心に売り込むが、逆に日本のテレビ番組に対しては、規制を理由に門を閉ざしたままという批判まで聞かれる。いずれにせよ、文化交流が活発化する日本と韓国の間に、未だにこういった規制が存在するという事実、そして、その根拠は検討に値するだろう。

一方、受け手である視聴者に目を転ずると、そもそも日本のテレビ番組に対するニーズが韓国人にあるのかという疑問が浮かぶ。広告収入に依存するテレビ局であれば通常、高い視聴率を目指して、人々が見たがりそうな番組を放送する。逆に言えば、高視聴率が期待できない番組は放送されにくい。仮に現存する規制が撤廃されたとしても、日本のテレビ番組を見たがる視聴者が少なければ、放送されないだろう。第三章では、日本のテレビ番組をこれまで放送したことがある韓国のテレビ局の実情を、そして第四章では、韓国の視聴者が日本のテレビ番組をどのように捉えているかを考察する。

また、以下のような点にも注意を払う必要がある。一般に、大衆文化製品の輸入を制限した場合、代替的に海賊盤など非正規版が流通したり、あるいは盗作・剽窃が行われる可能性が懸念されるが、そういった問題が韓国では長年、現実のものとなってきている。つまり、韓国において日本製テレビ番組は、正規ルートではほとんど放送されていないが、非公式な形ではかなり盛んに流通しているという複雑な一面がある。

そこで第五章では、IT先進国・韓国におけるインターネット上の違法動画（日本製番組も多数含まれる）の蔓延を、そして第六章では、韓国のテレビ番組に見られる、日本のテレビ番組の剽窃・盗作を取り上げている。これらの著作権を無視した違法行為が横行すれば、番組販売ビジネスはますます成立しにくくなり、結果として正規ルートでの流通は断たれることになりかねない。

第七章は、それまでの章で論じてきたドラマやバラエティ番組からいったん離れ、日本のアニメ番組に焦点を合わせている。実は、日本のテレビ番組が規制されてきた韓国で、唯一の例外と言えたのがアニメ番組だったのだが、日本を連想させる要素を修正するなど、日本製であることが視聴者にわからないように放送されてきた経緯がある。アニメ番組は今日、日本から韓国へのテレビ番組輸出の大部分を占めているが、日本製であるがゆえに、不利な条件での流通を余儀なくされている部分がある。

さらに、非常に重要な点が一つ残っている。仮に韓国人視聴者に日本のテレビ番組に対する一定のニーズがあったとしても、売る側の日本のテレビ局が販売価格が安すぎると判断すれば、あるいは逆に、買う側の韓国のテレビ局がコストパフォーマスが悪いと判断すれば、ビジネスは成立せず、結局、番組は販売されない可能性がある。現実問題として、テレビ番組の国際流通は、テレビ局海外部門の判断や決定によって左右されるものであり、それらは採算性や効率性を重視して行われることが一般的である。

そこで第八章では、日本のテレビ局の海外番組販売への取り組み、そして権利処理や実務慣行の制約の中での、日本のテレビ番組の国際競争力に着目する。ここで論じられる問題の多くは、日本のテレビ番組が、韓国市場に対してのみならず、その他の海外市場に対して販売される際にも起こりうるものであり、その意味で、日本のテレビ番組の海外展開における課題と置き換える事ができるだろう。それを踏まえて、韓国における日本のテレビ番組放送の今後について述べ、本書を締めくくる。

繰り返しになるが、日本を代表するメディアコンテンツであるバラエティ番組やドラマが、日本の隣国である韓国でほとんど放送されないという状況は、複数の要因が交じり合うことで生じている。本書は、多数の日韓のテレビ局員や政策担当者、韓国人視聴者へのヒアリング結果、そして日韓両国語の資料を基に、コンテンツビジネスや文化政策を視野に入れながら、そのような状況を整理し、解き明かすことに重点を置く。放送関連用語には補足説明などを加え、専門的な知識を持ち合わせていない一般の人々にも理解しやすいようにした。なお、文中の韓国人の氏名表記は漢字とカタカナが混在している。引用の場合は出所である文献における表記に従い、筆者が面会した人物に関しては、漢字がわからない場合のみカタカナ表記としている。また、文中の肩書は面会当時のものである。

第一章　韓国のテレビ放送

韓国における日本のテレビ番組の流通に先立ち、本章では、日本であまり知られていない韓国のテレビ放送の全体像を見てみる。韓国でテレビ放送はこれまでどのように発展し、現在はどうなっているのか。また、韓国の視聴者はどのようにテレビに接していて、そこでは一体どのようなテレビ番組が放送・視聴されているのだろうか。外国のテレビ放送事情となると実感しづらい部分もあるので、可能な限り、日本のテレビ放送との類似点や相違点を交えながら進めたい。

地上波放送の誕生と停滞

韓国でテレビ放送が始まったのは日本に遅れること三年、一九五六年五月一二日のことであり、(1)世界で一五番目、アジアでは日本、タイ、フィリピンに次いで四番目だった。アメリカの電気機器メーカーＲＣＡの支援で大韓放送（ＨＬＫＺＴＶ）という放送局が開局したが、放送は金曜日以外の毎日二時間、一週間に計一二時間という、変則的かつ限定的なものだった。

韓国国内におけるテレビ台数は合計で三〇〇台にも満たず、人々の視聴方法は街頭テレビが中心だった。当時の韓国は、日本の植民地支配から解放されて一一年、そして朝鮮戦争の休戦から三年しか経っておらず、経済的には国民所得八〇ドルで、世界最貧国の一つに数えられていた。各家庭にテレビが普及するには程遠い状況だったと推測される。

大韓放送はその後、経営状態が悪化し、一九五七年五月に韓米合弁会社へ売却されるが、一九五九年二月二日、原因不明の火災によって社屋が全焼し、放送不能に陥る。米国広報文化交流局（USIS）の支援のもと、細々と放送を再開したが、広告収入の不振もあり、一九六一年一〇月一五日に廃局に追い込まれてしまう。高度経済成長という追い風のもと、右肩上がりで成長していた日本のテレビ放送とは異なり、韓国のそれは順風満帆ではなかったようだ。

大韓放送は、一九六一年一二月三一日に開局した国営のソウルテレビ放送（現・KBS）が引き継ぐことになった(2)。ソウルテレビの開局準備チームは、当時まだ韓国と国交がなかった日本のNHKで研修を受けたが、それは公報部長官の「放送を日本のレベルまで引き上げたい」という方針に基づくものだった（鄭淳日 一九九九）。

ソウルテレビに続いて、一九六四年には最初の民間テレビ放送局である東洋放送（TBC）が、そして一九六九年には第二の民間放送局・文化放送（MBC）が開局し、ようやく韓国に本格的なテレビ放送時代が訪れる。

その後、一九七〇年代を通してテレビ局三局体制が定着していったが、一九八〇年代に入り、状況は急変する。政治権力による言論機関統制を目指した全斗煥《チョンドゥファン》政権が一九八〇年に強行した言論統廃合のもと、民間放送はKBSに吸収されるか、放送免許を返上するかの選択を迫られた。政府は、メディアの集中化によって言論統制を効果的に行おうとしたわけだが、これによってTBCはKBSに吸収され、そしてMBCも株式の七〇%をKBSが取得したため、純然たる民間放送は事実上、韓国から姿を消すこととなった。

結果としてKBSは絶大な影響力を持つに至ったが、そのKBSの出資金は全額が国家によって出資されており、その点では、KBSにせよ、MBCにせよ、国営放送という性格が強かった。放送は、全斗煥政権維持のための広報・宣伝媒体として利用され、文化公報部による放送内容の統制や干渉が行われた。また、言論統廃合の中で「放送人浄化対象者名簿」なるブラックリストが作られ、政府に対して批判的であるとされた者を対象としてKBSで一四〇名、MBCで九七名が解雇された。

それ以前の朴正熙《パクチヨンヒ》政権と異なり、全政権は支配体制に対する国民の不満をかわす目的で、娯楽関連産業(スポーツ振興やサービス業)には寛容な態度を取ったが、テレビ番組は積極的に政策

(1) 試験放送が五月に、本放送が一〇月に、それぞれ始まっている。
(2) ソウルテレビは一九七三年三月三日に特殊法人の韓国放送公社に改編、公営放送KBSとなり、現在に至る。

に利用された。ニュースはもちろん、ドラマも政権の正当化と民族意識の高揚を目的とした作品が増える一方で、社会問題を取り上げるものは、ほとんど制作されなかった。また、金珉庭（二〇〇九）によると、ドラマは、個人関係を描く中で伝統的社会の権威主義的価値や既存秩序の維持を強調するものが、多数を占めた。

ちなみに当時の日本では、フジテレビが「楽しくなければテレビじゃない」というスローガンの下、時に軽薄と批判されるくらいの大衆路線を突き進み、他局がそれに追従することで、テレビは明るく、軽いものになっていた。そのような日本のテレビ文化で育った筆者にとって、一九八九年に留学先の韓国で見たテレビ番組は押し並べて堅苦しく、垢抜けず、野暮ったく見えた（ある意味、それゆえに新鮮で、興味深かった）。そのような感覚は、当時の両国のテレビが醸し出していた空気の差を考えれば、当然だったのかもしれない。

韓国の「テレビ冬の時代」が終わるのは一九八七年の民主化以降のことである。当時、与党・民主正義党総裁であり、全大統領の後継者として指名されていた盧泰愚《ノテウ》が民主化宣言をし、自由化の波は放送をはじめとするマスメディアにも及んだ。韓国のメディアは長い抑圧から解放され、それまでの韓国放送史上なかった言論の自由が認められるようになった。

また、KBSへの過度の集中を見直し、一九九〇年には放送法改正によって民間放送局の設立が可能になった。民間放送復活に伴う放送の商業主義的傾向の強まりに対する懸念もあったが、多様な番組選択を可能にするとともに、経済活動拡大による広告媒体不足を補いうる点を政府は

重視した。一九九〇年一一月にはソウル放送（ＳＢＳ）が誕生し、公営放送と民間放送の共存体制が一〇年ぶりに復活した。(3)

ニューメディア、次々登場

盧泰愚の後を継ぎ、一九九三年二月に大統領に就任した金泳三《キムヨンサム》は、初の文民大統領として一層の民主化を進めたが、放送の分野では、国民の情報選択の幅を広げることを目標に、多メディア・多チャンネルの実現を推進した。実際に一九九〇年代に入り、韓国には地上波以外の放送メディアが新たに誕生し始める。金宅煥と李相福（二〇〇五）は、韓国は新聞や放送など既存のメディアの発達において他国に後れを取ったが、ニューメディアの開発では世界の最先端を行くと述べる。それがどのようなものか見てみよう。

まずは、一九九五年一月に本格的なケーブルテレビのサービスが始まった。それ以前にもケーブルテレビは、主に難視聴地域の住民へ向けて地上波放送を再送信するために存在はしていた。しかし、来るべきニューメディア時代へ向けて、政府はケーブルテレビを国家的プロジェクトと

（3）　韓国では、日本では耳にしない「公営放送」という呼称が一般的であり、ここでもそれに従う。公営放送は公共放送とは異なり、国または地方政府が運営主体となっており、ＫＢＳのように、公的資金のみならず広告収入が加えられ、運営される場合もある。一方、公共放送は、日本のＮＨＫがそうであるように、国または地方政府から独立した非営利放送局である。

して位置づけ、積極的に民間事業者にケーブル局設立の許可を与え始めるとともに、税制上の優遇措置などを通して支援した。それに付随する形で、ケーブル局に番組を供給する事業者（PP: Program Provider）も参入し、多様なジャンルの専門チャンネルを立ち上げた。

一方、衛星放送に関しては、二〇〇〇年六月、コリアサット三号を使用する韓国デジタル衛星放送（スカイライフ）のコンソーシアムが設立され、放送、通信、新聞など一〇〇社以上が参加し、二〇〇二年三月に本放送を開始している。

二〇〇一年一〇月には、SBSが固定テレビ向けではアジア初となる地上デジタル放送を開始し、同年末までにKBSやMBCも続いた。これは日本の地上波放送よりも二年早かった。また、二〇〇四年の放送法改正で、衛星と地上波を使って携帯電話や専用端末などの移動体に向けて放送を行うDMB（Digital Multimedia Broadcasting）が放送事業と認定され、翌年、本放送が始まった。これも日本で携帯電話などを受信対象とする地上デジタルテレビ放送、いわゆる「ワンセグ」が開始されるのよりも一年早かった。

インターネットに目をやると、韓国では一九九九年頃からブロードバンド環境が整えられた。ADSL（Asymmetric Digital Subscriber Line）が一般家庭に急速に普及し、大容量の動画をインターネット経由で視聴することが可能になった。そして、それに呼応するように、放送と通信の融合が加速した。一九九九年から二〇〇〇年にかけて、既存の地上波放送局であるKBS、MBC、SBSは相次いで地上波放送の番組を、ほぼリアルタイムでストリーミングやヴィデオ・オンディマンド（ＶＯＤ）で配信し始めた。インターネット配信はサービス開始当初、年会費だけが必要で、視聴自体は無料だったが、二年ほど経ち、ネット上で番組を見る習慣が視聴者に浸透した頃を見計らい、有料制（一時間番組の視聴料は五〇〇ウォン）へと切り替えられた。

インターネット配信有料化は、地上波放送で高視聴率を得ている番組から行われた。しかし、地上波放送の視聴率低下といった共食いは起きず、むしろ、見逃した番組の視聴など、テレビ視聴の補完的な利用が行われた。当時、インターネット配信の月あたりの平均収入は五億ウォンほどになり、地上波での再放送の平均収入三億ウォンを上回った。

ブロードバンドに接続した専用ＩＰ回線を利用してテレビ受信機に映像を届けるＩＰＴＶ（日本の「ひかりＴＶ」など）に関しては、二〇〇八年から二〇〇九年にかけてＫＴ、ＳＫブロードバンド、ＬＧテレコムといった大手通信会社がサービスを開始している。

放送界における最近の大きな動きとしては、二〇〇九年七月のメディア関連三法案の可決が挙げられる。これによって、長年禁止されてきた大企業、新聞社、外国資本の放送産業進出が可能になった。具体的には、一九八〇年の言論統廃合以来禁じられていた新聞と放送の兼業禁止規定がなくなり、大企業や新聞社は放送産業に進出する際、上限はあるものの、株式を保有することが可能となった。これを受けて、二〇一一年末には朝鮮日報や中央日報などの大手新聞社が株主となる事業者が参入し、総合編成のケーブルチャンネルを運営することとなった。また、外資系企業も番組供給事業者としてケーブルテレビおよび衛星放送に参入することが認められた。

今日の地上波放送

韓国テレビ放送産業の中心となっているのは、いくつかの地上波放送局である。中でも、韓国の基幹放送事業者として全国に一八の放送局を持ち、五〇〇〇名を超える職員を擁するKBSの存在感は大きい。KBSは政府が全額出資する放送公社で、地上波放送はKBS1とKBS2の二チャンネルがある。両チャンネルは主な放送番組によって色分けされており、KBS1は報道・時事・教養番組が中心で、ケーブルテレビと衛星放送で同時再送信が義務づけられている。一方のKBS2は家族向けの文化娯楽チャンネルという位置づけで、ドラマや芸能番組も多い。

KBSは視聴者から受信料を徴収しているが、月額二五〇〇ウォンである。二〇一一年二月一日のレート（一ウォン＝〇・〇七四円）で日本円に換算すると一八五円で、日本のNHKの受信料（地上契約で月額一三四五円、衛星契約は月額二二九〇円）と比べるとかなり低額だ。電気料金と一緒に徴収され、不払いの問題は起きていない。

その一方で、KBSは広告収入も認められており、KBS1は一九九四年にCMの放映を中止したものの、KBS2では現在でもCMが流れている。これは、一九八〇年の言論統廃合によってKBSに吸収されたTBCがKBS2の母体になっていることと関係している。実は、KBSにとって広告収入は非常に重要な財源となっており、一九九〇年には広告収入が受信料収入の二倍以上もあった。近年では、年度によって違いはあるが、ほぼ半々から六対四で推移してきた。しかし広告による収入がある分、KBSはこれまで受信料を安く設定することが可能だった。

同時に、広告収入への依存の高さは、必然的に視聴率を意識した娯楽番組の増加につながり、商業主義を批判され、公営放送としての存在意義が疑問視されることも多い。そこでKBSは二〇一〇年一一月、それまで三〇年間据え置かれてきた受信料を一〇〇〇ウォン引き上げて月三五〇〇ウォンとし、広告収入の比率を下げる案を決め、放送通信委員会と国会の承認を得ることとなった。

MBCは株式会社であり、法的には商業放送だが、その所有構造を見ると、株式の七〇%は政府が全額出資している放送文化振興会が、そして残りの三〇%は正修奨学会という公益法人が所有している。一九八〇年の言論統廃合の際にKBSが所得したMBC株は、一九八八年に放送文化振興会に譲渡された。

MBCはKBSと異なり、受信料収入はなく、主な財源は広告収入である。放送委員会の初代委員長を務めた金政起は、MBCは公営的商業放送であり、商業的公営放送でもあると述べている（田中 二〇一〇）。全国に一九の放送局を有し、日本のフジテレビと提携関係にある。

SBSは地域商業放送局である。独自に地方局を持つKBSやMBCとは異なり、SBSはソウル首都圏のみを放送エリアとするローカル局であるが、日本のキー局同様[4]、他の地域の民間放送

（4） 日本テレビ、テレビ朝日、TBS、フジテレビ、テレビ東京など、民間放送の系列ネットワークの中心となる放送局。

送局九社と提携を結び、KBS、MBCに次ぐ韓国第三の全国テレビ放送ネットワークを構築している。

SBSは日本テレビと提携関係にある。一九九一年の開局当時、SBS社員が日本テレビへ研修に来ていたことを筆者は記憶しているが、その頃に、SBSに入社したのは、KBSやMBCから引き抜かれた者や、日本の大学に留学し、番組制作などを学んだ者も多かった。徹底した商業路線や若年視聴者志向を批判されることもあるが、後発のSBSが、それまで韓国になかった番組を制作・放送し始めたことで、閉塞状況にあった韓国のテレビ放送に風穴を開けたことは間違いないだろう。

KBSは元来、KBS1・2以外にも、教育番組専門のチャンネルとしてKBS3を持っていたが、一九九〇年に分離され、現在では教育放送公社（EBS）が運営にあたっている。財源は放送発展基金のほか、KBSの受信料収入の三%が配分されている。EBSは公営の教育番組専門放送局であるが、CMが流れ、広告収入もある。

韓国の地上波放送を見ると、構造的には「多公営・一商業」放送となっており、「一公共・多商業」の日本のそれとは大いに異なる。金正勲（二〇〇七）によれば、韓国では商業放送に対して、過度な視聴率競争に走り、公益性を損なった番組を放送しかねないという懐疑的・否定的な見方が根強く存在しているという。しかしながら実質的には、どの公営放送も多かれ少なかれ広告収入に依存しており、特にKBS2とMBCは商業放送のSBSと番組編成や放送内容上も大差がないように筆者には見受けられる。実際、KBS2やMBCは民営化すべきという声も出ている。

二〇一一年二月の時点で、地上波放送であるKBS1・2、MBC、SBS、EBSは全てアナログ放送とデジタル放送の同時放送（サイマル放送）を実施している。デジタル放送のカバー率は全世帯の約九〇％に達しているが、デジタル放送対応テレビ受像機の普及は二〇一〇年一〇月で五〇・八％と伸び悩んでいる。そのため、アナログ放送の終了は当初二〇一〇年を予定していたが、二〇一二年一二月三一日まで延期することになった。

多チャンネルメディアの活性化

次に、地上波放送以外を見てみる。まずはケーブルテレビであるが、二〇一〇年三月の時点での加入世帯数は一五二二万世帯で、全世帯の約七八％である。一九九五年にわずか五五万世帯だけが加入していたことを考えれば、一五年で約三〇倍の加入世帯を獲得したことになる。

なお、ここでのケーブルテレビは、韓国で「総合有線放送」（SO: System Operator）と呼ばれる多チャンネル型のものを指し、難視聴解消を目的として地上波放送の再送信のみを行う「中継有線放送」（RO: Relay Operator）は含んでいない。ちなみに、日本における多チャンネル型ケーブルテレビの加入世帯数は、二〇一〇年三月の時点で七二四万世帯、全世帯の一六％程度だった。

SOの場合、七〇チャンネルほどを提供するもので、月額基本料金が六〇〇〇から七〇〇〇ウォン（約四四四～五一八円）であり、世界主要国の八分の一から九分の一程度の料金である。一方、日本最大手のケーブル局であるJ：COMTVの場合、月五二〇〇円程度で約七〇チャンネルを視聴できる。

衛星放送のスカイライフは二〇一〇年三月の時点で映像一八八チャンネル、音声四一チャンネルを提供しており、二四八万世帯が加入している。基本パッケージは映像九三チャンネル、音声四一チャンネル、双方向テレビ二〇チャンネルを含み、月額二万一〇〇〇ウォン（約一五五四円）である。

日本でスカイライフに比類するスカパー！やスカパー！e2を見てみよう。スカパー！は約三七〇のチャンネル、スカパー！e2は約七〇のチャンネルを提供する。二〇一〇年一二月の加入世帯数は両方を合わせて三五七万世帯であり、スカパー！の「よくばりパック」の場合、映像六七チャンネルで月額三五〇〇円である。

IPTVも韓国では急成長しており、二〇一〇年三月の時点での加入世帯数二五七万世帯で、ここでも普及において日本（二〇一〇年三月で六九万世帯）を大きく引き離している。

ケーブルテレビやスカイライフで配信されているテレビチャンネルを見ると、地上波放送局であるKBS、MBC、SBSが、複数のチャンネルを持つ番組供給事業者（MPP: Multiple Program Provider）として参加している。例えばKBSは、KBSドラマ（ドラマ専門チャンネル）、KBSNスポーツ（スポーツ専門チャンネル）、KBSジョイ（バラエティ番組専門チャンネル）、K

ＢＳプライム（文化・生活情報番組専門チャンネル）を展開している。同様にＭＢＣは五つ、ＳＢＳは三つのチャンネルを運営している。これらは、日本のフジテレビがＣＳチャンネルのフジテレビＯｎｅ、フジテレビＴｗｏ、フジテレビＮｅｘｔを運営するのと同じような展開である。

また、複数のケーブル局を経営するＣＪハロービジョン（ＣＪグループ）やＴブロード（テグァングループ）などと垂直統合した番組供給事業者（MSP: Multiple System Operator and Program Provider）が運営するチャンネルも目立つ。例えばＣＪは、映画専門チャンネルのＣＨＣＧＸやＸＴＭ、スポーツ専門チャンネルのＸスポーツ、総合エンターテインメントチャンネルのＭｎｅｔ、音楽専門チャンネルＫＭＴＶなどを運営している。

テレビ放送市場の規模と特性

二〇一〇年の韓国の人口は四八八八万人、国内総生産（ＧＤＰ）は一兆一四四億ドルで、それぞれ世界二六位、一五位に位置していた。単純計算で一人当たりのＧＤＰは約二万七五六ドルになる。ちなみに、日本は人口一億二七五九万人、ＧＤＰ五兆四五八八億ドルで、それぞれ世界一〇位、三位、そして一人当たりのＧＤＰは約四万二七八二ドルで、韓国のおよそ二倍である。

次に、テレビ放送の市場規模について見てみる。韓国の放送通信委員会が発表した放送産業実態調査によると、二〇〇九年の韓国の放送市場規模は八兆九四七四億ウォン、日本円で六六二一億円である。これは各社の放送関連事業収入の合計であり、具体的には受信料、広告、協賛、番

表1·1　韓国テレビ放送市場規模（2009年、単位・ウォン）

	放送関連事業収益	総売上
地上波放送事業者	3兆2564億	3兆6276億
地上波DMB事業者	110億	131億
総合有線放送事業者（SO）	1兆8047億	2兆5252億
中継有線放送事業者（RO）	121億	157億
一般衛星放送事業者（Sky Life）	3503億	3975億
衛星DMB事業者	1334億	1334億
放送チャンネル使用事業者（PP）	3兆3004億	10兆7025億
IPTV事業者	790億	790億
合計	8兆9474億	17兆4940億

出所：放送通信委員会（2010）

組販売、ホームショッピング放送の売上を含んでいるが、インターネット接続事業や不動産などでの売上は除外している。ちなみに、それらも合わせると一七兆四九四〇億ウォン（一兆二九四五億円）となっている（**表1・1**参照）。一方、総務省およびNHKの発表資料をつき合わせると、二〇〇九年の日本の放送市場は約三兆七千億円である。

韓国の有料放送市場の規模は比較的大きいが、テレビ放送産業を支える大きな柱であるテレビ広告費は約二兆五千億ウォン（一八五〇億円）で、日本（約一兆八千億円）のわずか一〇分の一に過ぎない。日韓両国それぞれのデータに含まれる事業種類の相違などがあるため、正確な比較は難しいものの、韓国のテレビ放送市場は実質的に日本の五分の一程度と捉えられるのではないだろうか。

昨今、韓国のテレビドラマやアーティストが積極的に日本をはじめとする国外市場への売り込みを図る理由の一つとして、韓国の国内市場の規模の小ささが指摘される。つまり、内需が小さいために、より大きな収益を目指すためには海外市場を開拓せざるを得ないという論理である。世界規模で見れば、韓国の市場は決して小さいものではないが、隣国に位置する日本という世界有数の巨大エンターテインメント市場と比較すると、確かに韓国市場はいかにも小さく感じられる。

次に、もう少しミクロな視点で韓国のテレビ市場を見てみよう。二〇〇八年の韓国言論財団の調べによると、韓国人は一日平均一一六分、つまり二時間弱、地上波放送を見ている。一九九八年の三時間以上（一九三分）と比べると、一〇年間で地上波放送の視聴時間が大きく減っていることが分かる。その一方で、ケーブルテレビおよび衛星放送を平均七三分視聴しており、それらのメディアが一〇年前にはあまり浸透していなかったことを勘案すれば、テレビ視聴時間自体は一〇年前からそれほど大きく変化していないと推測される。

日本人の平均テレビ視聴時間は三時間から三時間半と言われることが多い。テレビ視聴時間は当然ながら非常に個人差が大きいが、大まかな平均値に関して言えば、一日にテレビ視聴に費やす時間は日韓両国でそれほど差がないと思われる。

一方、二〇一〇年一〇月に発表された韓国広告主協会の調査結果によると、韓国人の実際のテレビ視聴方法としては、ケーブルテレビが八五・七％と最も多く、ＩＰＴＶが七・三％、衛星放送五・七％の順となっており、地上波放送しか見ないと答えた人は四・四％に過ぎなかった。

ケーブルテレビなどの多チャンネルメディアを通して地上波放送を視聴している人が多数存在

するため、別に地上波放送の視聴者数が少ないわけではない。しかしその一方で、これだけ多くの人が何らかの多チャンネルメディアにアクセスしている状況は驚きに値する。比較的廉価で多くのチャンネルを視聴できることが、その大きな要因の一つになっていると考えられるが、韓国人にとって有料放送へ加入することは、少なくとも日本人が一般に感じる以上に、自然なことであるようだ。

放送番組に対する独特な規制

韓国では二〇〇〇年に新放送法が施行され、大統領直属の独立行政機関として、合議制の放送委員会が発足した。その後、放送と通信の融合が進んだ二〇〇八年には、「放送通信委員会の設置および運営に関する法律」（放通委法）が施行され、放送委員会は情報通信部と統合されて、放送通信委員会（KCC: Korea Communications Commission）となっている。委員会は委員長以下、大統領が任命する五人の常任委員で構成され、放送行政の中核として機能し、省庁並みの権限を持っている。

放通委法は、利用者などからの求めに応じて放送や通信の内容について審議する機関を定めており、ＫＣＣとは別に、九名の委員からなる放送通信審議委員会（KCSC: Korea Communications Standards Commission）が設立された。韓国国内の地上波放送、ケーブルチャンネル、そして二四〇のラジオチャンネルで放送された番組は全て、ＫＣＳＣの審議対象となる。また、全放送事業者は放送開始・終了時、字幕またはアナウンスによって自局が審議規定を遵守していることを宣誓するとともに、番組編成・放送の責任者名を明示することが義務付けられている。

具体的な審議規定としては、(1)憲法の民主的な基本秩序維持と人権尊重、(2)健全な家庭生活の保護、(3)児童及び青少年の保護と健全な人格形成、(4)公衆道徳と社会倫理、(5)両性平等、(6)国際的な友好促進、(7)障害者など放送弱者階層の権益進、(8)民族文化の創造と民族の主体性の涵養、(9)報道・論評の公平性・公共性、(10)言語純化など、計一五の事項が掲げられている。

韓国で放送された全番組はKCSCによって収録され、一般視聴者や団体からの審議要請や問い合わせ、KCSCによるモニタリング精査の上、内容が検討される。その結果、上記の規定に反すると判断されれば、責任者に制裁が与えられる。以前は放送前に審議されたが、それは実質的な検閲であり、言論・表現の自由に抵触すると批判され、現在では、放送はあくまで局の自主的な判断に任せ、事後に審議する形を取っている。

また、番組(主に娯楽番組やドラマ)が等級付けされている点も特筆すべきだろう。具体的には、「内容が暴力性、煽情性、言語使用などの面で児童・青少年に悪影響を及ぼす可能性」を基準に、番組は全年齢向け、七歳以上、一二歳以上、一五歳以上、一九歳以上に分けられる。そして、番組開始前には全面で警告文(例えば、「この番組は一二歳未満の年少者が単独で観賞するのに不適切な表現が含まれており、視聴には親または保護者の同伴が適当」など)が写り、番組内にも⑫

のような表示が小さく写っている。

日本でもテレビ番組における性的表現や暴力表現が問題視されることはあるが、そのような表現から青少年を実際に遠ざける取り組みは、日本とは比べ物にならないほど韓国では徹底されている。


さらに、新放送法では番組編成の比率、つまり、どういった種類の番組をどれくらい放送するかも決められている。地上波放送局のように総合編成を行う放送事業者の番組編成比率は、報道一〇%以上、教養三〇%以上、娯楽五〇%以下とされている。

日本でも、総合編成のテレビ局は番組種別間のバランスを取り、放送番組を教養、教育、報道、娯楽、その他のジャンルに分類して、一定期間における各ジャンルの放送時間を報告・公表することが放送法によって義務づけられているが、比率は各局の自主的な判断に任されている。

また、韓国のテレビ放送ではCMの入り方も独特であるが、これも新放送法で規定されている。日本の民間放送の場合であれば、番組放送中に何回かに分けてCMが挿入されるのが普通である。CMの間はどうしても視聴率が落ちるので、番組の山場にCMを挿入し、CM後に再びCM前のシーンを繰り返す手法が今や一般化しているが、視聴者には評判が悪い。

一方、韓国ではCMは番組の最初と最後にまとめて放送され、基本的に番組内でCMが挿入されることは禁じられている。より多くの視聴者にCMを届ける広告媒体としての機能は弱いかもしれないが、視聴者は番組に集中できるというメリットがある。

余談だが、このようなCM挿入をめぐる日韓の違いは、それぞれの国の番組を相手国で放送する際、ちょっとした問題を引き起こしかねない。日本の民間放送局が韓国の番組を流す際には、番組中にCMを入れるタイミングが見つけにくく、不自然な形で番組の流れを絶ち、CMを挿入しなければならない。反対に、日本の番組を韓国でそのまま流すと、本来だとCMの前後で分かれていた部分がつながるため、同じ内容が二回流れてしまう可能性がある。

一日のテレビ放送と人気番組

韓国の地上波放送における一日の放送時間を見ると、開始は朝六時前で、終了が深夜一時くらいであり、日本の地上波放送がほぼ二四時間放送しているのに比べると短い。それに加えて、二〇〇六年一二月まで、平日の昼過ぎから夕方までの間は放送を休止していた。これは、資源節約とテレビ番組不足が理由とされていた。昼間の放送に対する視聴者（とりわけ日中に家にいることが多い高齢者や主婦）の要望はかねてから強かったが、一九九七年に韓国を襲った通貨危機などの影響で、昼間放送開始の時機を逸していたようだ。

さて、韓国の地上波放送では一体どのような番組が放送されているのだろうか。番組編成における各ジャンルの比率に関して、放送法の力が及ぶ範囲は日韓で差があることを先に指摘したが、実際には韓国の地上波放送の一日の番組編成は日本と似ている点が多く見られる。ざっと流れを見ると、平日の朝はニュースや生活情報番組に始まり、昼は主婦向けの番組、そして夕方は子供向け番組が多い。その後、夜八時から九時の間には一日の出来事を振り返るニュース番組が、そして九時以降は大型ドラマが放送される。

その一方で、韓国の地上波放送の番組編成における独特な点として目に付くのは、ドラマ枠の多さだ。昼にドラマの再放送が多いのは日本も同様であるが、朝八時から九時に、情報番組の合間をぬって新作ドラマが放送されている。また、夜はまさにドラマのための時間帯であり、各局が力を入れた最新作が出揃う。

夜の時間帯のドラマ放送の仕方は独特で、日本のように週一回ずつ放送されるのではなく、週に二話ずつ二夜連続(「月火ドラマ」、「水木ドラマ」、「週末ドラマ」)で放送されることが多い。韓国のドラマ編成は、間をおかないで物語の展開をもっと知りたいという視聴者の欲求に応えているとも言われる(金山 二〇〇五)。また、ドラマは比較的短いスパンで何度も再放送されている。ドラマの中には話題を呼び、高視聴率を記録するものも多く、放送局の経営に大きな影響を与えている。実際、二〇〇八年の視聴率上位二〇番組のうち一七番組がドラマだった。総じて韓国でドラマが高い視聴率を記録するのは、金泳徳(二〇一〇)によると、ストーリー好きな韓国人の国民性と、総合番組編成をする全国ネットの地上波放送局が四つしかないことが関連している。

土日など休日は、日本同様、放送番組が平日とは異なる。目立つのはバラエティ番組、韓国で言うところの「娯楽プログラム」だ。元来のバラエティ番組は、variety(寄せ集め)という言葉どおり、伝説的なアメリカの『エド・サリヴァン・ショー』のような、歌あり、ダンスあり、コ

表1·2　韓国人大学生の好きな番組ジャンル

	男子（n＝466）	女子（n＝471）
1	娯楽・バラエティ（59.4%）	ドラマ（74.0%）
2	スポーツ（41.8%）	娯楽・バラエティ（66.6%）
3	ドラマ（34.1%）	映画（33.6%）
4	映画（33.7%）	ニュース・報道（25.7%）
5	ニュース・報道（31.5%）	音楽（22.3%）
6	音楽（18.2%）	ドキュメンタリー（17.9%）
7	ドキュメンタリー（14.2%）	アニメ（14.5%）
8	アニメ（11.4%）	スポーツ（5.7%）

出所：黄允一（2006）

メディありの番組を指していた。

一方、今日の日本のバラエティ番組は、スタジオにタレント、お笑い芸人、歌手、俳優など、複数の芸能人が集まってトークを展開するものが主流である。こういったタイプの番組は、筆者が知る限り、今日のアメリカではほとんど目にすることができないものだが、韓国では日本のそれと非常に類似したものが制作・放送されている。両者は、スタジオの雰囲気から挿入するＶＴＲの作り方、音楽の付け方やテロップの入れ方まで、とても似ている。

韓国で人気のテレビ番組ジャンルはどのようなものだろうか。少し古いデータになるが、「月刊朝鮮」によれば、二〇〇〇年当時、韓国人の好きな番組は①ニュース（五二・八％）、②ドラマ（五〇・八％）、③サッカー中継（四七・八％）、④お笑い番組（三九・六％）となっていた。

また、**表1・2**にあるように、大学生だけを対象にして二〇〇四年に行われた調査によると、男子は①娯楽・バラエティ（五九・四％）、②スポーツ（四一・八％）、③ドラマ（三四・一％）、女子は①ドラマ（七四・〇％）、②娯楽・バラエティ（六六・六％）、③映画（三三・六％）の順だった。この時、日本の大学生にも同じように調査が行われ、日韓の大学生が好んで見るテレビ番組のジャンルには類似性が発見されている。大局的に見れば、日本と韓国の地上波放送における番組編成は似ており、それと相関関係があるのか、似たような番組ジャンルが好まれる傾向にあるようだ。

第二章　日本のテレビ番組に対する規制

前章では韓国のテレビ放送を概観したが、そこでは長い間、日本の番組が流れることはなかった。今日では、全ジャンルの日本のテレビ番組が放送されないわけではないが、それでもバラエティ番組は放送されないし、ドラマや音楽番組の放送はケーブルテレビや衛星放送に限られ、地上波放送では流れない。

実は、日本のテレビ番組は、韓国の政策によって規制対象となっている。一般に「政策（policy）」とは、国などの行政機関が目標達成のために採用する手段や方法であり、その制度的枠組みが産業の構造や行動を規定している。韓国における日本の番組規制も何らかの目的のために施行されており、韓国のテレビ放送産業や番組流通に影響を与えていると考えられる。

実際のところ、韓国で流通を制限されてきたのは日本のテレビ番組のみならず、日本のほとんどの大衆文化製品であり、具体的には、日本のテレビ番組の放送、日本映画の上映やビデオ、日本の大衆音楽のレコードやCD、日本人歌手の日本語による公演、漫画（日本語版）、ビデオゲームが該当する。規制が解かれるようになったのは、それほど古い話ではなく、一九九八年から二〇〇四年にかけてのことである。一九四五年の日本の敗戦、そして、その後の韓国独立の過程で排除されるようになった日本の大衆文化が、およそ半世紀の時を経て、ようやく解禁されたわけだが、上述の通り、テレビ番組は、ジャンルによってはいまだに放送されない状況が続いている。

一般に大衆文化（popular culture）は、それを生み出す社会における価値観や規範、慣習を具現化し、伝達するとともに、人々の意識の中に深く入り込むものである。従って、大衆文化製品は他の種類の製品よりも大きな社会的影響力を持つと考えられ、そのため、自国の社会や文化に与える影響を懸念し、外国の大衆文化製品の流入・流通を規制してきた国は少なくない。

しかし、韓国の場合のように、同じようなイデオロギーと経済システムを持ち、文化的にも歴史的にも古くから関わってきた隣国（＝日本）からの大衆文化製品に限って、規制してきた事例は、先進諸国ではもちろん、世界的に見ても珍しい。このような政策は一体どのような正当性に依拠するものなのだろうか。

反日感情と日本文化排除

一九一〇年八月二二日に日本に併合された朝鮮半島は、それ以降、一九四五年に日本がポツダム宣言を受諾し、連合国に降伏するまで、日本の植民地支配下に置かれていた。日本の植民地支配の基本方針は、朝鮮の民族性抹消だった。文化的同化による「内鮮一体」の掛け声の下、朝鮮の固有文化は抑圧され、また、一九三七年に日中戦争が勃発してからは、皇民化政策によって日本語常用や神社参拝、創氏改名が強要された。

このような植民地支配の方法は、朝鮮の文化的アイデンティティを蹂躙するものであり、その帰結として、文化的民族主義を掲げる抗日独立運動が各地で活発化しただけでなく、日本および日本文化に対する強い抵抗感と反感が、朝鮮半島の人々の中に広く根付く原因となった。

日本の植民地統治から解放されると、当然のこととして、朝鮮では民族性の回復が叫ばれた。一九四八年八月一五日に建国された大韓民国では、国民国家の形成において、初代大統領・李承《イスン》晩《マン》の徹底した反日政策・反日教育もあり、人々の間では反日感情が高まりを見せた。日本への追従は反民族行為であり、反日はその逆であるという当時の社会的雰囲気の中では、植民地支配の屈辱と直接結び付く日本的なものを一掃することは当然と受け止められた。結局、李承晩政権時代（一九四八年〜一九六〇年）の韓国で、日本的なものや日本を連想させるものは全面的に否定されることとなった。

しかし、ここで重要なのは、日本語、そして日本の歌や映画などの大衆文化は特に法律で禁じられていたわけではなく、また、この時点では政府によって公的に規制されていたわけでもないという点である。むしろ、日本の大衆文化は、韓国社会の「暗黙の了解」によって公的にタブー視されるようになった（林 一九九九）。そして、韓国国民の間で共有されていた感情が表出する中で、自然に韓国から排除された。

この頃の放送分野に目を転じると、一九五八年一月二五日、一三項からなる「放送の一般的基準に関する内規」が政府・公報室によって制定されている。ここでも日本の大衆文化については特に触れられていないが、第一項で「あらゆる放送は、民主主義の発展に寄与し、民族文化の向上に貢献し、国民の福利増進に尽くすこと」とされ、第二項では「放送は教養、娯楽など、あらゆる番組を通じて、自主的判断を養い、精神独立を育てるものであること」とされた。これらの項目を拡大解釈した放送局は、民族主義的な視点に立ち、日本的なものを自主的に規制し始めた。

日本大衆文化＝低質文化

一九六〇年四月一九日の学生革命によって李承晩は追放され、翌一九六一年五月一六日には朴《パク》正熙《チヨンヒ》が軍事クーデターを起こし、その後、権力を掌握する。朴政権下では、社会に悪影響を及ぼす低質文化の追放運動が行われ、長髪やミニスカートの取り締まりなど、社会浄化運動が繰り広げられた。そこで懸念されたのが外来文化の流入であり、その影響を念頭に韓国の対外文化政策が策定されて行くことになる。

ただし、朴大統領は必ずしも外来文化全般に対して否定的なわけではなかった。実際、一九六五年六月二二日の日韓基本条約締結に伴い、日本との間で「文化財および文化協力に関する協定」が結ばれ、学問・芸術を中心とした高級文化の交流は積極的に進められるようになる。これらは「望ましい外来文化」と捉えられ、うまく取り入れることで、韓国は新たな民族文化を発揚できると考えられた。

しかしその一方で、大衆文化は高級文化と明確に区分して捉えられ、「低質かつ低俗なもの」と警戒された。そして、そのような風潮が広まる中、社会浄化の一環として、文化政策に関する一般法令の整備が進められた。これらが、社会混乱を招く恐れがある大衆文化の輸入や流通を規制する根拠となっていく。

例えば、一九六一年に制定された公演法では、「国民感情を害する憂慮があるか、公序良俗に反する外国の公演物を公演してはならない」（第一九条）と定められている。また、一九六二年六月には、「放送の自由と品格を自律的に強化し、積極的に公共の福祉と民族文化の向上を図る」という目的で、放送倫理委員会が発足し、翌年一二月一六日には、放送倫理規定に基づき放送内容の審議を始めるとともに、韓国初の放送法を制定した。

注目すべきは、これらの法律のどこにも日本大衆文化はもちろんのこと、特定の外国文化に対して規制を行うことを明文化した条項は存在しない点である。あくまで低俗で社会悪と見なされる外国文化に限って排除しようとしたのだが、日本の大衆文化は、それに当てはまると考えられた。つまり、「日本の大衆文化だから排除する」というよりは、「日本の大衆文化は低俗なので排除する」という論理である。

一九六五年には大衆歌謡の世界でも低質歌謡の一掃が始まったが、やり玉になったのは、「ミヤコブシ（都節）」という音階を含む歌謡曲だった。ミヤコブシは日本の歌謡曲に多く見られる音階だが、これを含む場合、韓国人作曲・歌唱の大衆歌謡であっても低俗・退廃的な「倭色歌謡」（倭は日本の蔑称）と見なされ、放送が禁止された。ミヤコブシであるという理由で禁止曲指定処分を受けた韓国歌謡は、一九六六年一月には一九曲、そして一九六七年四月には実に四八曲に上った。

戦後、民族感情を理由に韓国から排除された日本の大衆文化は、一九六〇年代、朴政権下で「質の悪い文化」というレッテルを貼られ、韓国の公序良俗を乱すものと見なされるようになった。この時期は、先述の通り、日本との公式的な文化交流が始まった頃であった。しかしその一方で、ミヤコブシを含む歌謡曲のみならず、日本の大衆文化は一律に、反民族的であるばかりか、韓国社会に大きな害を与えるという理由のため、事実上、行政措置としての規制の対象になるとともに、日本大衆文化が流入・流通しないことが韓国社会の慣例となっていった。

実のところ、日本の陸軍士官学校を首席で卒業していた朴大統領は、徹底した反日主義者の李承晩とは異なり、日本の大衆文化にある種の郷愁を抱いており、実際に日本の時代劇やプロレス、大衆歌謡を好んだと言われる（小針 二〇〇一）。しかし、当時の韓国社会に充満していた反日という空気の中、そのような事実が公になれば、親日家と批判されることは避けられなかっただろう。国民の人心を得て、安定した政府を築くためには、日本大衆文化に対して厳しい姿勢を取らざるを得なかった。

放送される番組と放送されない番組

朴政権下、日本の大衆文化は韓国で規制対象となったが、日韓間の経済交流は活発化して行った。朴大統領は国家主導で産業育成を行ったが、規範としていたのは高度経済成長の最中にあった日本であり、日本から引きだした資金や技術援助は、「漢江の奇跡」と呼ばれる韓国経済の発展に重要な役割を果たした。結果として韓国の国民一人当たりの所得は、一九六一年のわずか八〇ドルから一九七九年の一六二〇ドルへ、約二〇年間で実に二〇倍もの伸びを見せた。

ビジネスにおける交流が盛んになる中、テレビ放送の世界でもちょっとした変化が起きていた。KBSの前身であるソウルテレビは一九六一年の開局当初からNHKと交流を行っていたが、七〇年代になると、MBCやTBCも、それぞれフジテレビ、日本テレビと提携関係を結んだ。それらは報道分野での協力が主だったが、日本のテレビ番組が条件付きで放送されることもあった。

例えば、一九六九年八月にはMBCが日本のアニメーション番組を、あくまで日本製であることがわからないように修正し、放送し始めている（この点は、後のアニメーション番組に関する第七章で詳細に記す）。また、一九七〇年一一月にはMBCがフジテレビの『東京国際音楽祭』を、日本の歌手のシーンは全てカットした形で放映している。これらは、日本的なものが画面に登場しないように手を加えれば、つまり見た目で日本製とわからなければ、日本のテレビ番組を流すことは、それほど問題視されなくなってきたことを示す例だろう。

一九八〇年代になると、日韓交流が一層活発化してくる。一九八三年、訪韓した中曽根康弘首相は、全斗煥大統領とともに「新次元の日韓関係」を盛り込んだ共同声明を出し、また、晩餐会では韓国語でスピーチするなど、友好ムードを盛り上げた。日本側は韓国に大衆文化の交流を呼び掛けるようになるが、韓国側に時期尚早と拒否される。

テレビの世界でも進展と呼べそうな出来事がいくつかあった。ドキュメンタリー番組の分野では、NHKとKBSの間で『新羅文化の軌跡』(一九八一年三月)が共同制作されたのに続いて、NHKの『シルクロード』(一九八四年四月)が大きな反響を引き起こした。これらのような日本色の薄い作品に限っては「審議上問題なし」とされ、放送された。

その頃、NHKは、いまだに世界で最も有名な日本ドラマを制作している。一九八三年に放送が始まった朝の連続ドラマ『おしん』(脚本・橋田壽賀子)である。山形の寒村に生まれた少女が苦難を乗り越え、明治から昭和の激動の時代をひたむきに生きていくヒューマンドラマは、国内でも平均で五二・六%という高い視聴率を記録したが、海外でも六三の国と地域で放送され、国や文化の違いを超え、見た人に感動を与えた。筆者はアメリカの大学院在籍時、インド人の教授から、『おしん』がいかに素晴らしい作品だったかを語られた経験がある。

しかし、『おしん』のように世界で普遍的に受容されるドラマであっても、韓国では放送されなかった。(1) ただ、韓国では『おしん』を翻訳した小説が売れ、一九八五年になって『おしん』というタイトルはそのままに映画化されている。少女が苦労しながら育って行くという話は同じだが、舞台は韓国で、全て韓国人キャストによって作られており、ヒットした。このことから明らかなように、ドラマ『おしん』が韓国で放送されなかったのは、内容が低俗だからでも、主題が韓国人の情緒に合わないからでもなく、登場人物にも舞台にも日本が溢れたドラマだったからである。

一方、一九八〇年代中ごろからは、テレビ番組に日本人が出演する際の日本語コメントに対して、それまでの韓国語吹き替えに代わり、韓国語の字幕が用いられるようになってきた。韓国のドラマで日本人役を演じる俳優も、日本語の台詞を話すことができるようになってきた。戦後ずっと封印されていた日本語が、公共性の強いテレビ放送の中で使われるようになってきた。

しかし、日本語の楽曲は相変わらず排除されており、七八年にMBCが、そして七九年にTBCが開催した国際歌謡祭に日本人歌手が出場を許可された際も、日本語での歌唱は見送られた。ようやく日本語の歌唱が初めて電波に乗ったのは一九八八年八月一八日のことであり、歌ったのは、その一か月後に開催されるソウルオリンピックのイメージソング「KOREA」を日本語でカバーしていた少女隊だった。その前年の一九八七年九月には、言論基本法廃止を控え、それ

(1) 二〇一一年四月二日にNHKで放送された特別番組『連続ドラマ小説五〇年! 日本の朝を彩るヒロインたち』内で使われた、これまで『おしん』が放送された国一覧を示すフリップでも、韓国は外れていた。

まで約二〇年間にわたって放送を禁止されてきた「倭色歌謡」が解禁されていたが、そういったことも日本語での歌唱解禁と関係していたのかもしれない。

NHK衛星放送の衝撃

放送において電波が所定のサービス区域外へ漏れてしまうこと（スピルオーバー）は避けられない。日本国内でも、ラジオであれ、テレビであれ、隣接する都道府県の放送を受信できるといった例は枚挙にいとまがない。日本の衛星放送の場合は、日本列島と洋上の島々を含む日本全土をその対象とするが、そこだけに限定して電波を届けることは物理的に不可能であり、スピルオーバーした電波は不可避的に周辺諸国へ届く。

NHKが五年の試験放送を経て、衛星放送の本放送を始めたのは一九八九年六月だった。あくまで日本国を対象とした放送サービスであるが、日本から近い台湾や韓国へは容易にスピルオーバーの電波が届き、ジャミングをかけ、電波を妨害・遮断することも不可能である。

NHKの衛星放送開始に対して、韓国では早々に新聞各社が「日本の新たな文化侵略」、「低質番組が流入、青少年に悪影響」といった論調を展開し、民族団体が批判の声を上げた(2)。こういった動きに押され、韓国の外務当局は日本政府に対して何らかの措置を取ることを要求したが、日本側はスピルオーバーに対しては直接的な責任はないと主張した。

NHKの衛星放送は、パラボラアンテナを設置すれば韓国国内の一般家庭でも受信することができ、韓国の地上波放送では一切見ることのできない日本の歌謡番組や映画を視聴できた。実際、韓国にNHK衛星放送の視聴者がどの程度いたのかはわからない。しかし、それを視聴するためパラボラアンテナを設置する家庭は増え続け、一九八七年には、試験放送期間にもかかわらず二万世帯、そして本放送開始後の一九九〇年には二五万世帯にまで増大した。韓国からの苦情にNHKは最終的にビームを絞ることで対応し、その結果、ソウル周辺では受信状態が悪化したが、受信し続けるために一回り大きいパラボラアンテナを用意する者も現れた。

当時、NHKの衛星放送は、韓国の視聴者にどのように受け止められたのだろうか。彭（一九九四）によれば、一九九〇年に釜山で三七七人を対象に行われた調査では、「日本の衛星放送を一度でも見たことがある」と答えた者は五三・三％にも達した。しかし同調査では、「毎日見ている」という者はわずか三・三％、「一つ以上の番組を続けて見ている」という者は三・六％、そして「（日本語での放送の）内容を完全に理解する」と答えた者は五％に過ぎなかったことも明らかになっている。

そもそも、NHKの衛星放送で、韓国政府が眉をひそめる類の低俗番組、例えば暴力シーンや性的シーンが多く含まれるような刺激的な番組が放送されることはまずない。当時、実際にパラ

---

(2) 台湾でもNHK衛星放送のスピルオーバーが物議を呼んだが、韓国で見られたような、大々的な批判や抗議はなかったようだ。柳本（一九九三）によれば、台湾の放送政策担当機関の処長は当時、「情報が早く届くので、歓迎すべきことだ」と語っている。

ボラアンテナを設置し、衛星放送を視聴した三〇代前半の男性は、衛星放送で見た日本の番組が低俗であるとは全く思わないし、むしろ韓国の番組よりも質が高いと述べている（石丸 一九九三）。また、NHK衛星放送は日本語放送であり、スピルオーバーである以上、当然ながら韓国語の字幕などは入らない。理解できない言語で構成される番組を見続けるのは、多くの人にとっては単に苦痛だと思われる。

それまで見たことのなかった日本の放送番組に対して、多くの人が関心を持ったことは間違いないが、NHKの良質で健全な番組を実際に視聴して、のめり込むほど魅力を感じた人は多くなかったようだ。結局、NHK衛星放送の放送内容の実態が知れ、当初に懸念されたような韓国への文化的影響はほとんどないことがわかるにつれて、それに対する批判は沈静化した。

原則規制と実質開放

筆者が韓国に留学したのは一九八九年から九〇年にかけてだが、その頃の印象としては、韓国に日本の大衆文化製品は公には全く出回っていなかった。ほぼ同時期に訪れた台湾や香港で、日本の映像製品や音楽製品などが広く浸透しているのを見て、韓国との違いに大いに驚いた記憶がある。朴（一九九四）は、一九八〇年代以降、韓国人は日本の大衆文化に関心を寄せるようになったと記しているが、日本から大衆文化がほとんど入って来なかった当時の韓国では、そういった関心を満たすことは難しかったと推測される。闇市場はあったと聞くが、一般人とは縁遠いものだっただろう。

唯一、大衆音楽に関しては、日本の楽曲を集めた、音質の悪い違法カセットテープが出回っており、屋台などで売られていたことを覚えている。どれを見ても収録曲は決まって同じで（オフコース「さよなら」、五輪真弓「恋人よ」、来生たかお「Goodbye Day」、近藤真彦「ギンギラギンにさりげなく」など）、「日本最新曲集」などとラベルには書かれていたが、かなり前の曲ばかりだった。おそらく非公式なルートを通じて入ってきた数少ない音源がコピーされ、出回っていたと思われる。

一九八〇年代、日本はバブル期を迎え、様々な若者文化が百花繚乱のごとく咲き乱れていたが、対照的に韓国は依然として続く軍事独裁政権の下、大衆文化消費は制限され、それを楽しむことすら反道徳的という雰囲気さえ漂っていた。体制迎合的な大衆文化だけが許され、反対に、社会の支配的価値観に背を向けるような、そして、それゆえに若者を熱狂させるような逸脱文化や対抗文化としての大衆文化は存在を許されなかった。キム・ヒョンミ（二〇〇四）は、この時代、韓国の若者は文化商品の主たる受容者ではなかったと指摘する。

表現の自由を抑圧する軍事政権は当然、外国の大衆文化にも神経を尖らせ、当時の韓国は「文化鎖国」と呼ぶにふさわしい状況に陥っていた（クォン 二〇一〇）。体制側は国民が外国文化に接し、個や自由を追い求め、国家に忠誠を誓わなくなることを恐れ、自分たちにとって都合の悪い世界の情報を徹底して遮断する必要があった。筆者の留学時の友人（日本人）はパンクの大ファンだったが、ソウル中のレコード店を見て回ったものの、パンクのレコードは一枚たりとも売っていないどころか、店主もパンクを知らないと嘆いていた。

実際のところ、一九八〇年代の日本の大衆文化は一九六〇年代のものとは異なり、反体制的な内容を含むものは極めて少なかったはずだ。しかし、日本の大衆音楽や映画に韓国の若者が熱中し、無意識のうちに日本的価値観に慣らされる者が増えることは、到底容認されることではなかった。それまで同様、日本の大衆文化は享楽的で有害な、そして文化的に劣ったものであり、接してはいけないものと信じ込ませるしかなかった。

日本大衆文化規制には韓国社会の旧体制の論理があったわけだが、民主化運動のダイナミズムの余波を受け、一九九〇年代に入ると状況が変わってくる。それまでなかった多様な価値観や文化を尊重する風潮が醸成され始め、韓国は本格的な消費資本主義社会へと変容していくことになる。

また、一九八九年に海外旅行が自由化されたことを契機に、日本へ旅行・留学する人が増え始める。見たことも聞いたこともなかった日本のドラマやＪ－ＰＯＰに実際に触れ、自国の大衆文化とのレベルの差に愕然とした韓国人は、筆者の周りにも多かった。韓国の作品にはない文化的創造力を感じた彼らは、日本のＣＤやビデオを韓国へ持ち帰り、楽しむとともに、その魅力を他者に伝えた。そして、そのような人たちのニーズに応えるべく、日本の大衆文化製品を専門的に扱う店が韓国に出現し、そこでは海賊盤のみならず、正規版も販売された。公には規制されたままだった日本の大衆文化は、このように非公式なルートを通じて自由に大量に韓国に流入し、その流通が実質的には黙認されるような状況を生み出していった。

開放をめぐる一進一退

一九九〇年代に入ると、日本大衆文化に対する規制の緩和を支持・容認する意見が、韓国の高官らによって提起され始める。一九九〇年、李御寧《イオリョン》初代文化部長官が輸入解禁を主張したのに次いで、一九九二年には李秀正《イスジョン》文化部長官が、「ロシアや東欧、中国の文化まで受け入れている状況で、日本文化だけに門戸を閉ざしているのは好ましくない」と発言した。

映画に関しては、一九八七年の民主化以降、市場が大幅に開放され、韓国とは政治体制とイデオロギーが異なり、国交すらなかった共産主義国家の映画でさえ輸入が認められていた。その結果、一九九二年の時点で依然として実質的な輸入禁止対象国となっていたのは、日本と北朝鮮だけだった。このような差別待遇は国際化という時代の流れに逆行しているという意見が聞かれるようになったわけだが、それでも、世論や韓国政府内部では日本大衆文化開放に対して否定的な声が多かった。

一九九四年一月には、日本大衆文化の非合法流入が実質的には黙認されている状況を踏まえ、孔魯明《コンノミョン》駐日韓国大使が開放は不可避であるとし、良質の日本大衆文化の受け入れを検討する必要を述べた。この時、韓国国内では開放の是非をめぐって、政府や言論界を巻き込んだ大論争が巻き起こった。

二月には文化体育部の李敏燮《イミンソップ》長官が、日本の大衆文化を三つの段階に分けて開放する計画があることを明らかにし、実際に国会でも検討され始める。それまで日本大衆文化に対して批判一辺倒だった新聞の論調にも変化が見られ、例えば同年二月二五日の中央日報の社説は、「日本の大衆文化は既に我々の生活に深く浸透している。誰もがこの事実を知りながら、あえて知らないふりをしてきただけだ」と説いている。日本の大衆文化開放に対する関心は高まりを見せ、文民統治を掲げる金泳三《キムヨンサム》大統領自身も、「国民感情を理由にいつまでも日本大衆文化を閉鎖していることはできない」と、開放への積極的な姿勢を打ち出した。

しかし、一九九五年二月になると、文化体育部は時期尚早であると、開放に消極的な態度を取り始める。三月には金大統領も、「今はまだ開放に適切な時期ではない」と、それまでの発言から後退を見せた。同年に行われた朝日新聞と東亜日報が行った世論調査によれば、約四〇％が「日本の映画やビデオを見たことがある」、「日本の小説や漫画を読んだことがある」と答え、七一％が「日本の歌を聞いたことがある」と答えたものの、日本大衆文化の全面開放に賛成するのは一九％に過ぎず、四六％が反対と答えた。

この時期の日本大衆文化開放をめぐる賛成・反対の理由は、以下のように集約できるだろう。賛成の理由としては、「韓国の国際化に必要だから」や「多様な文化に接するため」、「すでに実質的に流入しているから」といった、先に紹介したものや、「韓国大衆文化の競争力強化のため必要だから」、「日本を知る・克服するため」、そして「優秀な日本文化に接するため」といったものが挙げられる。いずれも、八〇年代末から九〇年代にかけて、多く聞かれるようになった意見である。

逆に反対の理由としては、「植民地時代の問題が解決されていないから」や「国民情緒に会わないから」、「国民的共感の土台が不足しているから」といった対日感情に基づくものや、「日本大衆文化の暴力性や扇情性のため」といったものが挙げられる。いずれも、それまで長年にわたって韓国で憂慮されてきた点である。

また、一九九〇年代に入り、日本の大衆文化開放に反対する論点として以下の二つが新たに浮上してきた。一つは、影響力の強い日本の文化に若い世代が浸ると意識が日本化してしまうという、民族的アイデンティティの混乱に対する懸念であり、もう一つは、日本の大衆文化が開放されれば韓国の市場が蚕食されるという、国内の大衆文化産業へのダメージに対する懸念である。後者に関しては、韓国の文化産業が依然として初歩的な段階であるところへ、日本の大衆文化製品が、その経済力を背景に押し寄せてくることを脅威に捉える言説は多かった。

日本大衆文化、開放始まる

一九九八年二月、就任直後の金大中《キムデジュン》大統領は、日本での中曽根元首相との会談で「文化の鎖国主義は相手方にとっても、我々にとっても良くない」と、日本大衆文化開放の必要性を説いた。

この後、事態は急展開し、同年四月には開放方針が発表され、一〇月には金大統領の訪日に続き、文化観光部が日本大衆文化の第一次開放を発表した。そしてその後、計四回にわたって段階的に開放が進んでいくことになる（**表2・1**参照）。

開放に踏み切った理由としては、韓国で日本大衆文化に対する抵抗感がなくなってきた点が大きい。一九九八年一〇月に中央日報が行った日本大衆文化開放についてのアンケートでは、三八・三％が「当然だ」と答え、「時期尚早だ（三五・六％）」や「好ましくない（二四・八％）」を上回っていた。特に若い世代は開放に肯定的で、一九九九年三月に韓国青少年政策研究所が二〇〜三〇代を対象に行った調査によると、八二・三％が賛成と答えている。

また、その他の開放理由として、韓国にとっての文化的・経済的得失を考えた場合、様々な試算の結果、メリットの方が多いだろうと予測された点、そして、二〇〇二年の日韓ワールドカップ共同開催に向けて友好ムードを盛り上げるために時期的に良い点なども勘案された。

一九九八年一〇月二〇日に発表された第一次開放の対象となったのは、日本語版の漫画単行本および漫画雑誌の輸入、そして一部の映画であり、具体的には、四大国際映画祭受賞作、日韓合作映画、そして日本人俳優が出演する韓国映画が該当した。文化的価値が高く、影響力が少ないものから開放するという理由によって、これらが選ばれた一方で、放送番組の開放は最終段階に位置づけられた。

第一次開放を受け、一九九八年一二月には、初の日本映画として北野武監督の『HANA-B

表 2·1　日本大衆文化の段階的開放

	第1次開放（1998年10月）	第2次開放（1999年9月）	第3次開放（2000年6月）	第4次開放（2004年1月）
映画	・四大国際映画祭受賞作品 ・日韓共同制作作品 ・日本人俳優出演韓国作品	・公認国際映画祭受賞作品 ・全年齢観覧可能作品	・12歳以上観覧可能作品 ・15歳以上観覧可能作品	全面開放
劇場用アニメーション			・国際映画祭受賞作品	全面開放（2006年1月）
ビデオ	・開放対象映画で国内上映された作品	・開放対象映画で国内上映された作品	・開放対象映画および劇場用アニメーションで国内上映された作品	全面開放
大衆音楽公演		・2000席以下の室内会場での公演	全面開放	
大衆音楽アルバム			・日本語歌詞以外の楽曲を含む作品	全面開放
漫画単行本・雑誌	全面開放			
ビデオゲーム			・家庭用ゲーム機用以外	全面開放
放送番組（地上波）			・スポーツ番組 ・ドキュメンタリー ・報道番組	・教養番組 ・日韓共同制作ドラマ ・日本人歌手の韓国公演および出演韓国歌番組 ・国内上映された映画
放送番組（ケーブルテレビおよび衛星放送）			・スポーツ番組 ・ドキュメンタリー ・報道番組 ・第1次および第2次開放対象映画で国内上映された作品	・教養番組 ・日韓共同制作ドラマ ・全年齢視聴可能ドラマ ・7歳以上視聴可能ドマ ・12歳以上視聴可能ドラマ ・音楽番組 ・国内上映された映画および劇場用アニメーション

出所：文化体育観光部（2003）をもとに作成

I』と黒澤明監督の『影武者』が上映された。欧米で高い評価を得ている両監督の作品が初めて韓国に登場したわけだが、注目された割に観客数は伸びず（それぞれ七万人と九万人）、二週間程度で上映打ち切りとなっている。この興行的失敗は開放慎重派の警戒心を弱め、結果的には日本大衆文化開放の幅を広げることになった。

翌年（一九九九年）九月には第二次開放が発表され、二〇〇〇席以下の室内会場での日本の大衆音楽の公演開催、そして映画に関しては、公認された七〇の映画祭での受賞作品と年齢別観覧制限がない作品が上映可能になった。一二月に上映された岩井俊二監督の『Love Letter』は大ヒットを記録し、翌年二月までに観客動員数は、日本での観客動員数（約二〇万人）をはるかに上回り、一四五万人に上った。また、「お元気ですか」という劇中のセリフは韓国の若者の間で流行語となった。しかし、韓国で日本映画がヒットし、日本語が流行したことに対して、否定的な反応はほとんどなかった。

二〇〇〇年になり、文化観光部は、第一次および第二次開放による韓国文化産業へのマイナスの影響はほとんどないと報告した。その結果、同年六月の第三次開放では、それまでの二回に比べて開放程度が大幅に拡大された。日本映画は、一八歳以上観覧可能作品を除く全ての映画が上映可能となった。ただし、アニメーション映画は国際映画祭受賞作品に限定された。大衆音楽に関しては、室内外を問わず公演開催が全面開放され、日本語での歌唱曲を除いてアルバムも解禁された。

第一次・第二次開放では手付かずだったテレビ放送の分野でも、スポーツ番組、ドキュメンタリー、報道番組といった、非娯楽番組に限って放送が許可された。また、ケーブルテレビと衛星放送では、第一次および第二次開放の対象となる映画のうち、劇場で公開されたものは放送が可能となった。

このように、金大中政権下では一年に一回ずつ、着実に日本大衆文化の開放が行われ、ワールドカップの日韓共同開催が行われる二〇〇二年までに完全開放される可能性も示唆された。しかし、二〇〇一年になると、日本の中学校教科書の修正問題に対抗する措置として、予定されていた第四次開放が中止された。この決定によって、韓国政府にとって日本の大衆文化開放は歴史問題や政治的イデオロギーと分離不可能なものであることが、あらためて浮き彫りになった。結局、二〇〇二年になって、ワールドカップ公式曲の日本語歌唱版の販売と家庭用ビデオゲーム機・プレイステーション2の一定条件下での販売が解禁された。

また、同じ二〇〇二年二月には、放送史上初の日韓共同制作ドラマ『Friends』（TBSとMBC）が二夜連続で放送された。作品としての評価は高く、日本での視聴率も一五％を超えたが、韓国側が神経質になったのは、劇中の日本語の台詞をそのまま放送するかどうかという点だった。文化観光部が日本語の放送は時期尚早としたのに対し、放送委員会とMBCは、やむを得ない場合は日本語も放送可能という見解を示した。当然のことながら、劇中の日本語を韓国語吹き替えにすれば、ドラマが不自然なものになることは避けられない。『Friends』は結局、字幕で対処することとなったが、視聴者の反応は賛否両論だったようで、作品のためには字幕が正解だったという意見もあった一方で、日本語使用に対して非難も起きている。

ＭＢＣは同年一一月にも、フジテレビとの共同制作ドラマ『ソナギ〜雨上がりの殺意』を放送している。この時点では、日本のドラマは、韓国との共同制作といえども正式に開放されていなかったことを考えると、これらのドラマの放映はワールドカップ共同開催年における特例措置だったのかもしれない。

二〇〇四年になると第四次開放が実現し、映画、大衆音楽のアルバム、ビデオゲームは全面開放を迎えた。劇場用アニメーションは、青少年と国内アニメーション産業への影響を考慮して、二年後に開放されることとなった。この段階までに、対価を払って楽しむ日本大衆文化製品のほとんどが開放されたことになる。

しかし、テレビ番組に関しては、生活情報などを扱う教養番組は開放されたものの、目玉とされたドラマは、第一章に記した番組等級のうち「全年齢視聴可」、「七歳以上視聴可」、「一二歳以上視聴可」の作品に限り、ケーブルテレビおよび衛星放送での放送が許可されるに留まった。日韓共同制作ドラマは開放された。歌番組もケーブルテレビおよび衛星放送では解禁されたが、地上波放送では、日本人歌手が韓国で行う公演の中継や韓国の番組に出演して歌う場合に限って、放送が許された。そしてバラエティ番組は、依然として媒体を問わず全面的に規制されている。娯楽性が高いバラエティ番組やドラマが依然として未開放であるのは、一般にそれらが多くの視聴者を集めるジャンルであり、文化的および経済的な影響が懸念されたからである。

ＭＢＣの情報番組『ＴＶの中のＴＶ』は二〇〇三年九月二七日、「集中点検」というコーナーで第四次日本大衆文化開放を特集したが、「日本のドラマや娯楽番組が制限なく放映されると、露骨で煽り立てるような日本の娯楽文化が急速に広がる恐れがある。韓国と日本は生活様式や情緒面において似ているので受け入れやすく、波及した時の影響力はさらに大きくなるという心配がある」と、ナレーションで語っている。

また、地上波放送での番組開放に慎重なのは、そこで放送される番組が、他の大衆文化製品と違って、全ての韓国人の家庭に無差別に入り込み、人々が無意識のうちに接触する可能性があることが大きな理由となっている。一方、ケーブルテレビや衛星放送は、映画や音楽同様、受容したい人だけがお金を払い、自主的な選択と判断によって番組に接するものであり、また、視聴率が全体的に低いため、社会的影響力は高くないと判断された。さらに実際問題として、多チャンネル化が進行する中で、ケーブルテレビや衛星放送が直面するコンテンツ不足という事態も考慮されたと考えられる。

しかしながら、このように娯楽番組と非娯楽番組や、地上波放送とケーブルテレビを区分することには理解しにくい面もある。例えば、日本のドラマを放送できない地上波放送でも、韓国で上映された日本映画作品は放送が認められており、二〇〇八年には正月特別映画としてＫＢＳが『亀は意外と速く泳ぐ』を、ＥＢＳが『東京タワー』を放送している。なぜドラマ放映がダメで、映画放映は良いのだろうか。

残る疑問とこれからの展望

ここまで見てきたように、韓国での日本大衆文化規制は、いくつかの理由を背景にこれまで行われてきたわけだが、整理すると（1）被植民地支配に端を発する対日感情、（2）日本大衆文化が含む暴力性や扇情性、（3）韓国国内の文化産業保護という、三つの理由によるところが大きい。

このうち、（2）と（3）は今日では色褪せした感がある。（2）に関しては、日本大衆文化は低俗なものだけではないという認識が広まっており、また、実際に質の悪いものがあっても、関連法規に基づく審議である程度は排除して行けると考えられている。（3）に関しては、日本の映画や大衆音楽が、当初の憂慮とは異なり、韓国市場で大きな成功を収めることがなかったほど、韓国文化産業の競争力は増している。

しかも、これら（2）と（3）に関しては、なぜ日本以外の国、例えばアメリカの大衆文化がその対象にならないのか不可解である。アメリカの大衆文化の中にも非常に俗悪なものや、青少年への悪影響が懸念されるものは存在する。また、韓国大衆文化市場に入っている外国製品は、映画であれ、音楽であれ、テレビ番組であれ、圧倒的にアメリカのものが多い。ところが、アメリカの大衆文化製品に見られる表現が問題視されたり、国内業界保護的な観点から規制が叫ばれることは、ないわけではないが、日本製品に比べた場合、はるかに少ないようだ。（2）や（3）を根拠に日本の大衆文化を規制するならば、それは日本の大衆文化に対する差別と捉えることもできる。

従って、今日規制の根拠を見いだすとすれば、（1）の対日感情ということになる。かつて日本大衆文化が解禁されない根拠を対日民族感情にのみ求めることに疑問を呈した言説があった（林 一九九九）。確かに、日本大衆文化開放が実際に検討されていた時期（一九九五年）も、韓国の世論調査に見られる対日感情が好転していたわけではなく、むしろ悪化しており、開放と感情が相関を持つとは必ずしも言えない部分がある。しかし、今日も続く日本製テレビ番組に対する規制の根拠が何かを考えると、やはり韓国人の情緒的な面に、その答えを求めざるを得ないのではないだろうか。

繰り返し述べてきたように、韓国での日本製テレビ番組に対する規制は、放送法に明記されているわけではないため、具体的な法的根拠を持つものではなく、あくまで政策的な指針である。一般に、政策における指針が最適であるためには、説明的でなければならない。日本の大衆文化を規制する政策に関しては、「日本の植民地支配によって傷つけられた韓国国民の感情が完全に癒えていない状態で、日本の大衆文化が無制限に入ってくれれば、韓国国民の感情を乱しかねない」という説明がこれまでなされてきた。

一方、テレビ番組は、日本製に限らず、放送通信委員会によって内容が審議されるが、審議規定として、前章に記したように、公共性や民族主体性に関わる事項が掲げられている。問題は、日本製番組（厳密には、日本人や日本語、日本的なものが登場する番組）は国民感情を損なわせるという理由で、それらの事項に抵触する可能性が高いと考えられてきた点である。そこで、韓国の放送業事業者は日本製テレビ番組の放送を控えることが、これまでの慣例になってきた。つまり、放送局は、政府の政策方針に従い、日本製テレビ番組の放送を自主規制してきたというのが正確なところだろう。

言うまでもなく、「表現の自由」は民主主義の大前提であり、韓国でも憲法二一条一項に「言論・出版の自由」として保障されている。しかしその一方で、同二一条四項には「言論・出版は…公序良俗や社会倫理を侵害してはならない」と規定され、同九条では伝統的な文化国家の精神から外れる表現は許されないとされる。中村（二〇〇四）は、表現の自由に対する制限を理由に、日本の大衆文化の規制について訴訟が行われた場合、勝訴の可能性は高いと推測する。しかしながら、社会的倫理観の尊重という名目の下、韓国の放送局が表現の自由の行使を試みることはなかった。

二〇〇四年一月の第四次開放以降、日本大衆文化の開放は七年間、全く進展を見せていない。理解しづらいのは、「なぜ、日本の娯楽番組だけを規制し続けるのか」という点である。日本と韓国の間では様々な娯楽交流が盛んに行われているし、韓国の娯楽番組が日本を取り上げ、日本人が出演することも珍しくない。しかし、そのような交流や韓国番組に対して、抗議の声が上がることはほとんどないようだ。そして、もう一点気にかかるのは、「いまだに続く日本のテレビ番組に対する規制は今後、いかなる展望が開けているのだろうか」という点である。

これらの点を解明するため、筆者は韓国文化観光研究院のパク・ジョウォン室長に話を聞く機会を得た。韓国文化観光研究院は文化体育観光部傘下の研究機関であり、パク室長は、日本大衆文化開放について一〇年以上研究して来た、この問題のエキスパートである。以下、彼の見解を中心にまとめていく。

今日、韓国社会における対日感情は以前と比べて良くなってきており、また、現代の若者は政治や歴史と大衆文化を切り離して考える傾向にあるが、当然ながら、文化受容者は多岐にわたり、そこには様々な考えを持った人が存在する。韓国には、家庭に直接届く地上波放送番組の中で日本人が笑ったり、日本語で話したりすることを、いまだに受け入れられない人たちがいる。テレビ番組は影響力が大きく、「大衆文化の象徴」として捉えられている面があり、敏感に反応する人もいると予想されるだけに、開放に関しては慎重にならざるを得ない。これが、テレビの娯楽番組を、その他の大衆文化製品の開放や文化交流行事の開催と区分する理由である。

パク室長は、日本のテレビ番組開放は薬の販売のようなものではないかと述べる。例えば、ある薬は一〇〇人中九五人に有効であっても、五人に副作用発生のリスクがあれば、販売が見送られる。いまだに日本の番組を受け入れられない精神状態にある人が、どのくらいの規模で存在するのかは正確にはわからないが、たとえ極めて少数であっても存在するのであれば、政府はそういった人々の意思を尊重せざるを得ない。そして放送事業者も、あえて放送しようとは思わない。つまり、世論調査に現れるような対日国民感情に顧慮してというよりは、一部の人々の対日感情に配慮して、日本のテレビ番組は規制され続けているというのが、実態に近いようだ。

現在、韓国の人々の大部分は、日本のテレビ番組が開放されていないことに特に不便を感じていない。日本のドラマやバラエティ番組はいまだに規制されたままだが、インターネットに目を転ずれば、動画共有サイトにはそれらの動画が韓国語字幕付きで違法にアップロードされており、いくらでも視聴できる。多くの韓国人にとっては、日本のドラマやバラエティ番組がテレビ放送で許可されるかどうかは、もはやそれほどの関心事ではないのかもしれない。しかし、そのような極めて歪な形でしか日本のテレビ番組に接することができない状況は、著作権に対する国民の意識を高めたい韓国政府にとっても、黙認し続けることができるものではないだろう。

加えて、韓国政府からすれば、ここまで進めてきた大衆文化開放が最後の段階で停滞してしまっているという気まずさがある。二〇一一年二月になって、文化体育観光部の鄭 柄国《チョンビョングク》長官が、「ＮＨＫが韓国ドラマを放送しているのに、韓国の地上波ではなぜ日本ドラマが見られないのか」と、追加開放を示唆する発言を行った。二〇一一年には李明博《イミョンバク》大統領の日本への国賓訪問があり、それに合わせて、日本大衆文化の完全開放が発表されるとの見方もあったが、見送られた。

本来であれば、もっと早く全面開放を迎えているはずだったが、これまで歴史問題や領土問題が起き、先延ばしされてきた経緯を踏まえ、パク室長は、今後に関しては、開放するための名分を日本が韓国に与える必要があると話す。具体的にどういうことかと質すと、例えば竹島領有権[3]における譲歩であるとか、植民地支配期に日本に渡った文化財の返還[4]だと言う。これらの問題で日本が韓国に妥協すれば、果たして茶の間に日本のテレビ番組が流れ、日本人が話したり、笑うことを許容できない人たちが心を開くのか、筆者にはわからないが、韓国は日本大衆文化の開放を外交問題解決のためのカードとして利用しようとしているのである。

本来であれば、一般市民やメディアの選択や意思に従う形で決められるべきであろう大衆文化開放という課題が、現実には政治的解決を待つしかない状況にある。文化は政治と切り離して考えるべきだという意見は、日本ではもちろん、韓国でも若い人の間ではよく聞かれるし、理想としてはそうあるべきだろう。しかし、他の多くの課題同様、大衆文化交流も政治とは不可分であるところに、日韓関係の複雑さが現れている。

(3) 竹島は島根県隠岐沖にある島で、その周辺の漁業権や海底資源をめぐり、日本と韓国がそれぞれ領土権を主張している。
(4) 植民地時代、多数の文化財が日本へと流出しており、韓国政府や市民団体は、それらの返還を強く求めている。

第三章　韓国で日本のテレビ番組を放送する局

本章では、まず韓国で実際にどれくらいの日本のテレビ番組が、どのように放送されているのかを見てみる。なお、ここでの「日本のテレビ番組」とは、日本で製作・放送された後に韓国へ輸出され、韓国語の字幕を付けたり、音声を韓国語に差し替えて、テレビ放送される番組を指す。次に、韓国のテレビ局が日本のテレビ番組をどのようにとらえているかを考察する。

韓国への番組輸出量

前章で見たように、一〇年ほど前まで、韓国では日本のテレビ番組の輸入や放送を原則として規制する政策がとられていた。スポーツ、ドキュメンタリー、報道番組などの非娯楽型番組が放送されるようになったのは二〇〇〇年六月以降、そして、生活情報などを扱う教養番組が放送されるようになったのは二〇〇四年一月以降である。二〇一一年の段階でもバラエティ番組や歌番組は規制対象となっているし、ドラマも地上波放送では放送されない。

ここで、日本の番組が一部開放された二〇〇〇年以降の、韓国への番組輸出額の推移を見てみる(**図3・1**)。二〇〇〇年から数年間は年に二〇〇万ドル前半で推移していたが、二〇〇三年に突然、八〇万ドルにまで落ち込んでいる。追加開放された二〇〇四年には再び二〇〇万ドル台へ持ち直し、その翌年は六八〇万ドルまで急増している。ところが、その次の年(二〇〇六年)は一〇分の一以下の五〇万ドルにまで減少する。二〇〇七年は再び約一〇倍の増加(五五七万ドル)を見せた。二〇〇八年の輸出額は二九五万ドル(二七二七本)であり、販売先の媒体としては、地上波放送が二六万ドル(三三五本)、ケーブルテレビおよび衛星放送が二七〇万ドル(二三九一本)だった。

なぜ、これほどまでに年によって輸出額の高低差が大きいのだろうか。データをまとめた韓国コンテンツ振興院日本事務所の金泳徳所長は、販売価格の変動、高額の作品を購入すると全体の額が急増するほどの市場の小ささ、二~三年単位で大量に仕入れる番組購入方法、韓国内の編成動向による変化を要因として挙げている(金泳徳 二〇一〇)。いずれにせよ、現状では日本のテレビ番組を販売する側にとって、韓国は安定した輸出先とは言い難い。

次に、韓国へのテレビ番組輸出をジャンル別に見てみる(**図3・2**)。圧倒的に多いのはアニメで、二〇〇七年には本数ベースでは八五%を占めていた。かなりの差があるものの、二位はドラマで七%、三位はドキュメンタリーで三・六%、以下、教育番組、音楽番組と続く。日本の番

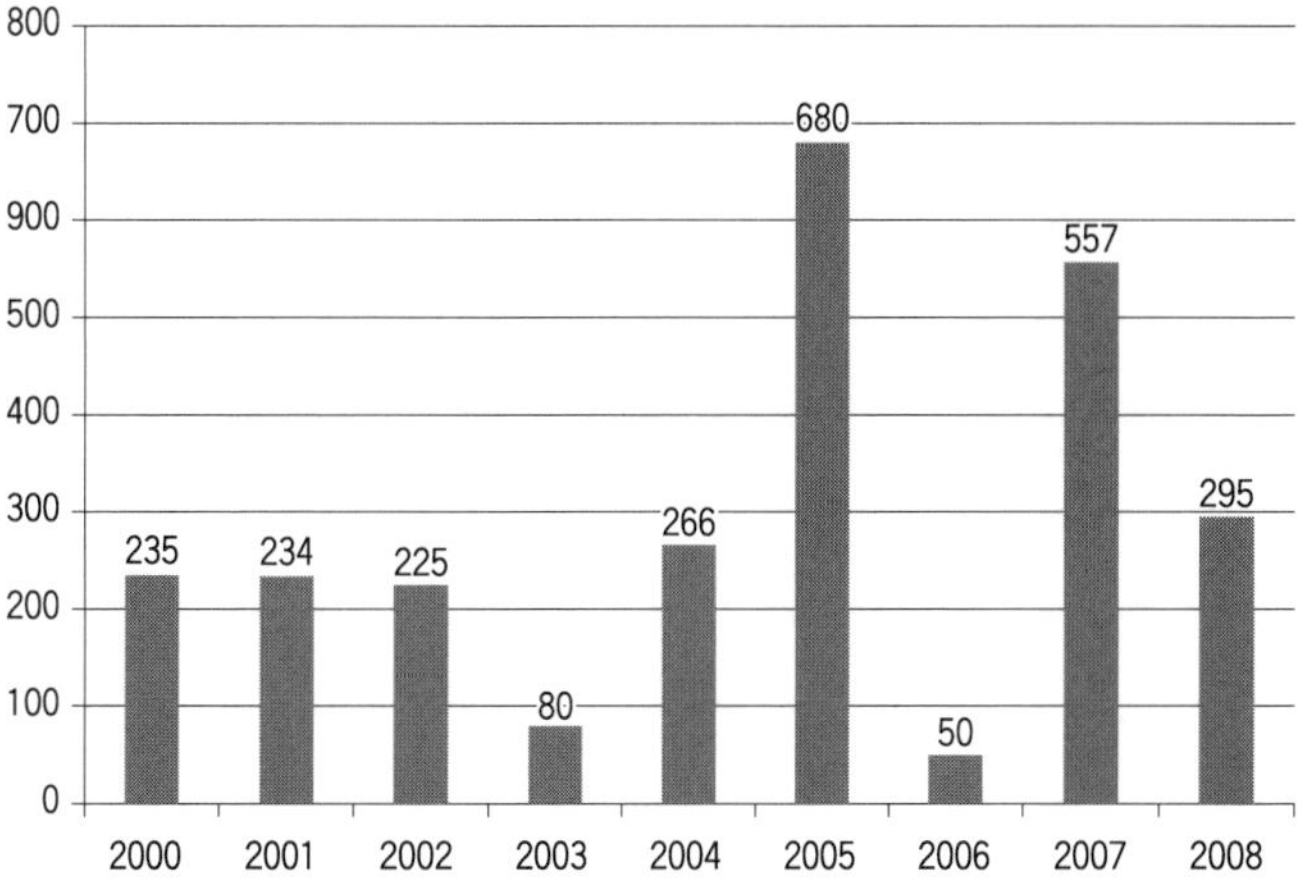

図 3·1　日本製番組の韓国への輸出量（金額ベース、単位・万ドル）

出所：金泳徳（2010）

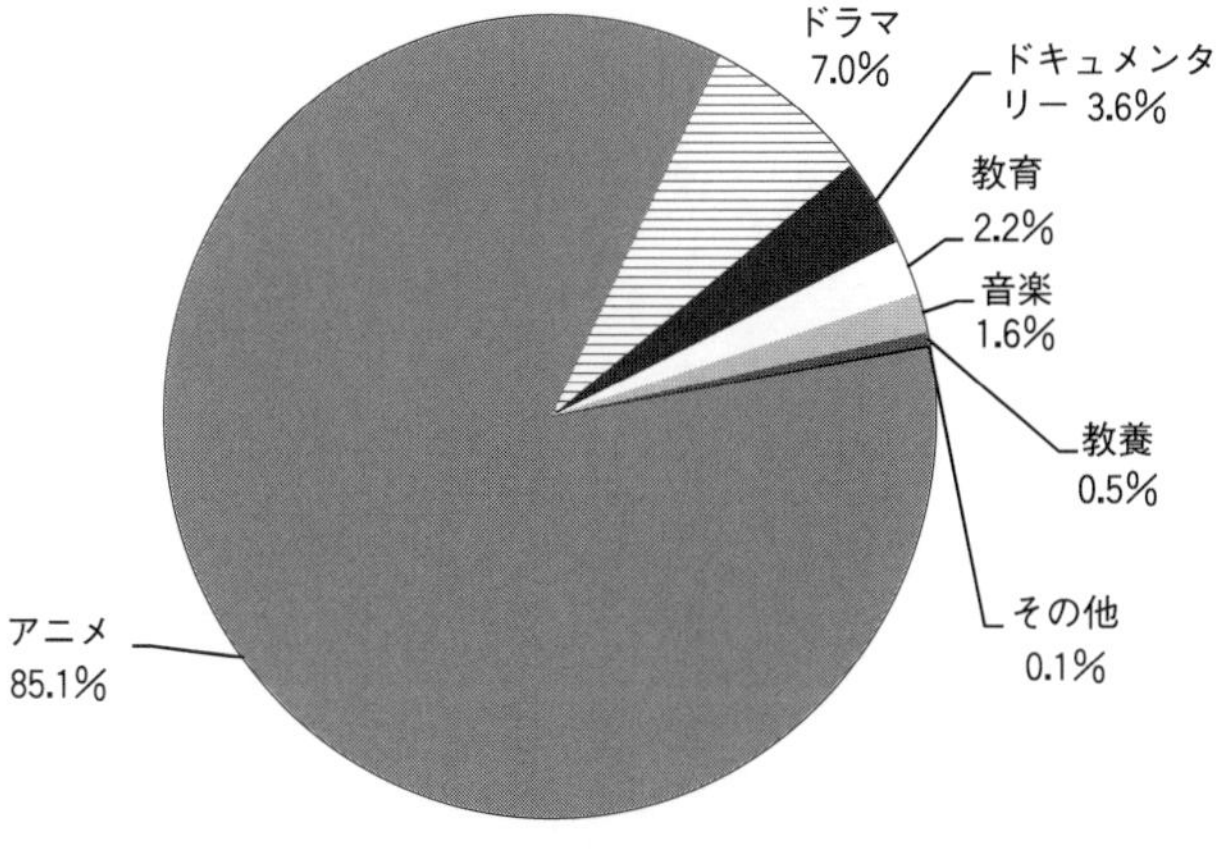

図 3·2　韓国へ輸出される日本製番組のジャンル

出所：金泳徳（2010）

組に対する買い手のニーズは、アニメに偏っていることが分かる。

ひとくちに「テレビ番組」と言っても、そこには様々なジャンルのものが含まれる。アニメに関する考察は第七章で行うとして、本章では、日韓両国で非常に人気が高く、実際に視聴者数が多い時間帯に放送されているドラマに焦点を絞って進めて行き、必要に応じて、それ以外のジャンルの番組にも言及することにする。

話題を呼んだ日本ドラマ

韓国で日本ドラマは、一五歳以上あるいは一九歳以上のみ視聴可能な作品を除き、ケーブルテレビや衛星放送のチャンネルに限って放送され、二〇〇四年から二〇一〇年秋までに約二〇〇タイトルが登場した。ドラマ人気が非常に高い韓国で、これまでどのような日本ドラマが放送され、いかなる評価を得てきたのかを、まずは振り返ってみる。

韓国で初めて放送された日本ドラマは『ファーストラブ』(渡部篤郎、深田恭子主演)で、二〇〇四年一月五日に放送が始まった。教師と教え子とのラブストーリーで、日本ではTBS系列で二〇〇二年四月から六月に放送されたが、平均視聴率は一〇・二%であり、それほど成功した作品とは言えない。韓国では映画専門チャンネルとして非常に人気があるOCNで放送され、初回の視聴率は〇・九%、一〇代女性の視聴率は一・二%だった。韓国のケーブルテレビの場合、人気の韓国ドラマでも視聴率は通常一%程度であるから、〇・九%は悪い数字ではないだろう。その一方で、教室でのキス・シーンは倫理上の問題から物議をかもし、「道徳的に問題がある」といった声も上がった。

同時期にMBCドラマネットは『やまとなでしこ』（松島菜々子主演）を放送した。二〇〇〇年一〇月から一二月までフジテレビ系列で放送されたラブコメディで、日本での平均視聴率は二六・四％、最高視聴率は三四・二％という大ヒット作だ。韓国での初回の視聴率は一・二％で、これもケーブルテレビの視聴率としては悪くはなかった。

しかし、『ファーストラブ』にせよ、『やまとなでしこ』にせよ、韓国に登場した初めての日本ドラマ作品であり、この時期、日本ドラマに対する韓国人視聴者の注目や関心が高く、恐らくそのことが視聴率に反映された点は留意する必要があるだろう。

また、視聴者だけでなく、韓国メディアも日本ドラマの受容を注視していた。例えば朝鮮日報は、日本ドラマの放送開始二週間くらい前の二〇〇三年一二月二三日から、数日おきに日本ドラマに関する記事を掲載した。ところが興味深いことに、二〇〇四年一月一三日に早くも「解禁の日本ドラマ　視聴率低迷の理由は？」という見出しの下、「一部の熱心なドラマファンはホームページなどの掲示板を通じて熱烈な支持を見せているが、数値で見た実際の支持率は限りなく不調だ」と伝え、「現時点では韓国国内での日本ドラマの将来はあまり明るくないようだ」と締めくくっている。また、一月二〇日には「不調の日本ドラマ　二〇〇〇年以降の作品で挽回するか」と題し、「韓日視聴者の嗜好が異なるために日本ドラマが国内で大きな成功を収めるのは難しい」と記している。

日本ドラマが韓国に初めて登場してわずか一～二週間しか経っておらず、ジャンルとして全く定着していない状況で、数回の視聴率のみを根拠に、このような短絡的な報道をしたことは理解に苦しむが、韓国を代表する新聞が日本ドラマの低調を伝えたことで、多くの視聴者に日本ドラマそのものへの好奇心を失わせるような影響はあったのかもしれない。

その後に放送され、日本ドラマの中で最も視聴率が高かったのが、二〇〇四年二月一二日にSBSドラマプラスで始まった学園ドラマ『ごくせん』（仲間由紀恵、松本潤主演）だった。これは日本テレビ系列で二〇〇二年四月から七月に放送され、大ヒットした作品で、韓国での初回放送は、午前〇時二〇分という遅い時間帯にもかかわらず、ケーブルテレビとしては異例の高い視聴率二・六二％を記録した。視聴率二・六二％は、同じ時間帯の地上波テレビ局の視聴率と同水準ではあるものの、ケーブルテレビにおける二・六二％は、地上波放送に置き換えれば三〇～四〇％に匹敵する（沈 二〇一〇）。学校を舞台とした物語設定は韓国では新鮮で、「嵐」の松本潤の人気と相まって話題を呼んだ。

しかし全体的に見ると、視聴率的に失敗に終わった作品がほとんどで、日本で大ヒットした『踊る大捜査線』や『GTO』も、平均視聴率がそれぞれ〇・六九％、〇・五九％と振るわなかった。そのような中で、早々に日本ドラマの編成本数を減らす局が目立ち始め、MBCドラマネットは週五本から二本へ、そして映画専門チャンネルのCGVは、『ランチの女王』など三タイトルが〇・三%以下の視聴率しか残せず、六月の番組改編では日本ドラマの放送を見合わせた。

先述の金泳徳氏は、二〇〇四年一月から五月までに韓国で放送された日本ドラマ四〇作品を分析したうえで、日本ドラマの視聴率は、同じようにケーブルテレビで放映されているアメリカのドラマ『CSI』などよりは高い視聴率を出しているものの、全般的に低調で、大きな反響を呼ぶことはできなかったと報告している。

その第一の原因として指摘されているのは、四〇作品中三八作品が二〇〇二年以前の作品であり、最新のヒット作がなかったことである。例えば、一九九〇年代初頭に日本をはじめ台湾や香港でも大ヒットした『東京ラブストーリー』だが、二〇〇四年の韓国で放送しても、ドラマのウリになっていたトレンディさは感じられず、逆に作品の古くささが浮き彫りになったのではないだろうか。そもそも、『東京ラブストーリー』は日本での放送から数日後にビデオが韓国で出回っていたという説もある(1)。

さらに他の原因として、木村拓哉など韓国で人気のある俳優が出演しているドラマがないこと、そして、視聴者に届きにくい昼間や深夜の時間帯に編成されていたことが挙げられた。

その後、『華麗なる一族』、『花より男子』、『のだめカンタービレ』など、二〇代女性を中心に

(1) 小針(二〇〇一)。なお、筆者が会った韓国の放送関係者の中にも、一九九〇年代に『東京ラブストーリー』を見たと話した人が数名いた。

話題になる作品は、いくつかあった。二〇〇四年、日本ドラマの放送開始早々にその行く末を断じた朝鮮日報は、二〇〇七年八月一三日に「韓国でひそかな日本ドラマブーム　二〇代女性に人気」と題し、日本ドラマの人気は米国ドラマを超え、視聴率もケーブルテレビで異例の二％前後を記録していると伝えている。

ＸＴＮが放送した木村拓哉主演の『華麗なる一族』は、日本では二〇〇七年一月から三月にＴＢＳ系列で放送された作品だが、日本での放送終了から数か月という異例の速さで韓国に登場した。日本ドラマの放送に際して一般に用いられる韓国語字幕ではなく、韓国語への吹き替えによって放送されたことからも、期待が高かったことが窺える。

また、クラシック音楽をテーマとした人気マンガ原作の『のだめカンタービレ』（フジテレビ系列で二〇〇六年一〇月～一二月放送。上野樹里、玉木宏主演）は二〇〇七年八月にＭＢＣムービース（現・ＭＢＣエブリー1）で放映され、「日本ドラマ最高の作品」と評されるほどの人気を呼んだ。

これら日本で放送したばかりの、ハンサムな男優が出演している話題作は、確かに韓国でもある程度の成功を収め、先に紹介した日本ドラマのヒットを左右する条件をいみじくも裏づける形となった。しかしながら、こういった作品のヒットを持ってしても、日本ドラマ全体の隆盛にはつながらなかった。

写真3·1　MBC本社（ソウル・ヨイド）

写真3·2　SBS本社（ソウル・モクトン）

放送中の日本ドラマ

二〇〇五年八月には日本ドラマを放送するチャンネルは七つあったが、二〇〇八年六月には四つに減少した。その翌年には六つに持ち直したものの、作品数で見た場合には、二〇〇五年八月の一七タイトルから二〇〇九年九月の七タイトルまで減っている。以下では、二〇一〇年から二〇一一年にかけて日本の番組を放送している主なチャンネルを見てみる。

まずは、地上波放送局ＭＢＣ系の子会社・ＭＢＣプラスメディアが運営するＭＢＣドラマネットとＭＢＣエブリー1である。前者はその名の通り、ドラマ中心の番組編成で、放送番組の九〇％以上はＭＢＣが地上波で放送したドラマの再放送である。後者はドラマやバラエティ番組中心だが、教養番組やドキュメンタリーなど、娯楽番組以外も編成している。

ＭＢＣプラスメディアは、前述の通り、二〇〇四年の『やまとなでしこ』に始まり、これまで日本ドラマを積極的に放送してきたが、日本ドラマのターゲット視聴者を一〇代後半の男女および二〇代の女性に定めている。

過去に放送した『ごくせん2』や『花より男子』がヒットした経験から、ハンサムな男優が主演を務めるドラマ、特に学園モノはそれなりに成功が見込めるものの、それでも成功と呼べる成績を残す日本ドラマは一〇作品中わずか一作品程度と見ている。特に、最近の日本ドラマは全体的に魅力的な作品が少ないという(2)。結果として編成本数は減り続けており、二〇〇八年は週に二～四時間、二〇〇九年は週に一～二時間、そして二〇一〇年は目ぼしい新作がなかったため、レギュラー枠での放送を見送り、過去に人気があった作品を学校の長期休暇中に特集して再放送するにとどまった。

ただ、以前と比べて日本ドラマの編成本数は減ってきたが、二〇一一年からは再び増やすことを検討している。実際、TBSが二〇〇九年五月から七月に放送した『ミスター・ブレイン』を二〇一〇年末に購入し、二〇一一年になって放送した。少し前の作品だったが、木村拓哉主演の作品であり、二〇一〇年の諸作品よりも成功しそうだったことが購入の決め手となった。

二つ目は、地上波放送局SBSが運営するSBSプラスとE!TVである。SBSプラスは主にSBSで放送したドラマを再放送するためのチャンネルで、その意味では上記のMBCドラマネットと似ている。韓国のケーブルチャンネルの中でも、視聴率は常に一、二位という人気チャンネルだ。一方、E!TVはアメリカのE!エンターテイメントテレビジョンの韓国版で、SBSで放送したバラエティ番組やアメリカのE!の番組に交じってドラマも放送している。

日本ドラマに関しては、**表3・1**にあるように、二〇〇九年にはドラマ九作品を、二〇一〇年には一作品を放送した。

購入は全て、SBSと提携関係にある日本テレビからである。これらのドラマは、番組編成上どうしても必要というよりは、日本テレビとの相互好意的契約関係のために購入したというのが本当のところのようだ[3]。SBSのドラマを日本テレビ系のBSチャンネルなどに販売するため、その交換条件の一つとして、日本テレビのドラマを購入している。

二〇〇九年以降に放送した日本ドラマの視聴率は押し並べて低く、最も高い『たったひとつの恋』でも平均で〇・二〇二%であり、及第点の一%に遠く及んでいない。『87%』の〇・〇〇五%に至っては、そのドラマの放送中、平均して二万世帯中わずか一世帯しかE!TVにチャンネルを合わせていなかったことになる。ちなみに、日本の視聴率表には〇・一%未満の数値は公表されず、代わりに※(こめじるし)が記載される。

また、日本では衛星チャンネルの視聴率調査自体が行われておらず、キー局系の五つのBSチャンネルに限っては、アンケート調査に基づき「接触率」が測定されている。これは一定期間内に特定のチャンネルに一度でも接触したことのある世帯の割合である。例えば、二〇〇九年一二月のゴールデンタイムの平均接触率は五局合計で九・八%であり、一〇〇〇世帯中九八世帯がい

(2) MBCプラスメディアのマーケティング広報担当、キム・テヒ氏へのインタビュー。
(3) SBSプラスへのインタビュー。

表3・1　SBS系ケーブルチャンネルにおける日本ドラマの放送

作品名	放送期間	契約放送回数	平均視聴率（プラス）	平均視聴率（E!TV）	日本での放送期間	主演
CAとお呼びっ！	2009年3月〜6月	3回（2回完了）	0.167	0.044	2006年7〜9月	観月ありさ
働きマン	2009年3月〜4月	3回（3回完了）	0.178	0.089	2007年10〜12月	菅野美穂
たったひとつの恋	2009年4月〜5月	2回（2回完了）	0.202	0.048	2006年10〜12月	亀梨和也
おとなの夏休み	2009年8月〜9月	3回（1回完了）	—	0.018	2005年7月〜9月	寺島しのぶ
女王の教室	2009年8月〜9月	3回（2回完了）	0.130	0.024	2005年7月〜9月	天海祐希
ドリーム☆アゲイン	2009年9月〜10月	3回（2回完了）	0.147	0.007	2007年10〜12月	反町隆史
あいのうた	2009年10月〜11月	3回（1回完了）	—	0.017	2005年10〜12月	菅野美穂
87%	2009年11月〜12月	3回（1回完了）	—	0.005	2005年1月〜3月	夏川結衣
演歌の女王	2009年11月〜12月	3回（2回終了）	0.077	0.016	2007年1〜3月	天海祐希
怪物くん	2010年12月〜翌年2月	2回（1回終了）	—	0.07	2010年4月〜6月	大野智

注：データは全て2011年2月16日時点のもの

ずれかの民放系BSチャンネルに一度は接触したと推測される。しかし、このような接触率は、機械式で毎日測定されている地上波放送の視聴率とは測定方法や母数が違うため、両者を単純比較はできないだろう。

いずれにせよ、SBSプラスにとって、日本ドラマの視聴率に対する期待はそれほど高くないようだ。SBS地上波で放送した韓国ドラマを放送すれば、通常一％前後の視聴率は稼げるが、日本ドラマを購入して放送しても、その五分の一程度と予測している。

日本テレビとの契約は二年間で二回あるいは三回放送（本放送一回＋再放送一〜二回）というのが一般的だが、**表3・1**にあるように、二〇〇九年に放送した九本に関しては、『働きマン』と『たったひとつの恋』を除いて、一〜二回の再放送を残したまま、放送契約の完了期日を迎えている。こういった点からも、SBSプラスとE！TVにとっての日本ドラマのコンテンツとしての重要度の低さがうかがえる。

MBCプラスメディアでも指摘された点だが、SBSドラマネットでも、日本ドラマに出演する俳優の多くが韓国の視聴者の間では認知度が低かったり、人気がないことが、日本ドラマの多くが韓国で視聴率を取れない大きな原因として考えられている。

しかし、ここで注意しなければならないのは、ケーブルチャンネルで放送された日本ドラマに大きなヒットがなかったからと言って、韓国で日本ドラマは人気がないと結論づけることはできないという点だ。第四章や第五章で述べるように、韓国における日本ドラマを視聴する場としては、インターネットが主流となっている。実際に、日本ドラマ専門サイトは数多く存在し、若者を中心に「日ド（＝日本ドラマ）族」と呼ばれる層を形成している。韓国における日本ドラマの受容は、統計上の輸入規模をはるかに超えているという指摘もある（金泳徳 二〇一〇）。

日本文化専門チャンネル「チャンネルJ」

日本の番組を放送するチャンネルとしてはもう一つ、チャンネルJがある。チャンネルJは韓国で唯一の日本関連のテレビ番組専門チャンネルであり、ケーブルテレビや衛星放送を通して約一〇〇〇万世帯をカバーしている。自主制作番組もあり、放送番組は全てが日本製というわけではないが、日本に関する内容を含むものがほとんどだ。主な視聴者は、当然ながら日本文化に関心がある人たちだが、特に高年層の男女が多い。また、高学歴・高所得の視聴者が多いことも特徴と言える。

元々はＤＣＮという名のケーブルチャンネルであり、二〇〇二年以降、日本のスポーツ番組などを放送していたが、日本文化専門チャンネルへと移行し、二〇〇六年四月三日に放送を開始した。当初は、日本のバラエティ番組に対する規制が残る中で、このようなチャンネルの設立は時期尚早という声もあったが、他のチャンネルとの差別化、そして潜在的なニーズを重視した(4)。

実際、映画やドラマ、スポーツ、音楽などの専門チャンネルが数多く存在する韓国で、チャンネルJはそれらとは異なる、ニッチなチャンネルと位置づけられている。視聴率はケーブルチャンネル中七〇位くらいと高くないが、チャンネルに対してロイヤルティを持った、固定客と呼ぶべき視聴者が多い。なお、日本の番組を専門的に放送することに関して、特に視聴者から苦情を受けたことはないという。

チャンネルJはこれまで『篤姫』や『天地人』といったNHKの大河ドラマを編成の目玉としてきた。二〇一〇年の『龍馬伝』も翌二〇一一年一月に早くも放送している。また、NHK以外の民放局制作のドラマも多数放送してきたが、ドラマ購入に際しては、出演者、日本での視聴率、そして韓国人視聴者の好みに合うかどうかを考慮している。

二〇一〇年一〇月二五日（月）から三一日（日）までの一週間の番組編成の中で放送された日本ドラマは六本あり、『純情きらり』（二〇〇六年四月〜九月のNHK連続ドラマ小説。宮崎あおい主演）、『ジョシデカ！　女子刑事』（TBS系列で二〇〇七年一〇月〜一二月放送。仲間由紀恵主演）、『アイシテル〜海容』（日本テレビ系列で二〇〇九年四月〜六月放送。稲森いずみ主演）、『奥さまは魔女』（TBS系列で二〇〇四年一月〜三月放送。米倉涼子主演）、『夫婦道2』（TBS系列で二〇〇九年四月〜六月放送。武田鉄也主演）、『東京フレンズ』（二〇〇五年発売のDVDドラマ。大塚愛主演）となっていた。月曜日から木曜日は同じエピソード（例えば『夫婦道2』の第一〇話）を一日に三回、午前、夕方、夜一〇時以降に放送している。

（4）　チャンネルJのクォン・ホンジン常務へのインタビュー。

実のところ、チャンネルJの番組編成表を見て気づくのは、ドラマ以上に情報番組の多さだ。これらの番組の中には、日本の地方局やCSチャンネル、あるいは制作会社から直接購入した、日本にいてもあまり視聴する機会のない番組も多く、馴染みのないリポーターが番組を進行している。

しかし、内容自体は日本では定番と言える類のものであり、日本の温泉旅館を紹介するような旅番組や、ラーメンを特集するグルメ番組が目立つ。温泉にせよ、ラーメンにせよ、それら自体は韓国にも存在するが、日本のものとは似て非なるものであり、何よりも日本と韓国ではそういったサービス業の成熟度が全く異なるため、それらの題材を取り上げた番組も非常に好評だ。

チャンネルJで最も高い視聴率を稼ぐ番組は、テレビ朝日が製作した『マグロに賭けた男たち』や『カジキと戦う男たち』といった、漁師に密着取材したドキュメンタリー作品である。これらの番組は日本でも人気が高く、年に数回、特別番組としてゴールデンタイムに放送されてきたが、漁師の生きざまやその家族の様子などを織り交ぜている点が韓国でも視聴者の共感を呼んでいる。また、業界内での評価も高く、韓国の地上波放送局のプロデューサーたちが注目している番組でもある。

興味深いのは、『ニッポン旅×旅ショー』という、日本テレビ系列で二〇〇六年から二〇〇七年にかけて放送された番組である。この番組は毎週、日本各地の旅を二つ選び、それらを比較するバラエティ番組であるが、それをチャンネルJは旅情報番組として放送している。

先述の通り、韓国では日本のバラエティ番組はケーブルテレビであっても放送が規制されているが、『ニッポン旅×旅ショー』は規制対象外だったということになる。このように日本ではバラエティ番組というカテゴリーにありながら、韓国では情報番組として放送されている番組は他にもある。ＴＢＳの『がっちりマンデー!!』は、日本では経済ネタを扱うバラエティ番組という位置づけだが、韓国では情報番組と捉えられ、放送されている。

実際のところ、日本のバラエティ番組が扱う内容は非常に多岐にわたっていて、全てを一つのジャンルとして括ることが難しい面がある。また逆に、情報番組やスポーツ番組、ドキュメンタリーでも、バラエティ番組と非常に似た演出をしているものもある。概して日本の番組は、スタジオ部分を含んでいれば規制対象になってしまう可能性がある一方で、視聴者に有意義な情報が含まれていれば単純な娯楽番組とは見なされにくいという[5]。つまり、バラエティ番組は規制の対象になるといっても、ある番組がそれに該当するかどうかは明確な基準やマニュアルが存在するわけではなく、番組の内容そのもので判断している面があり、場合によっては担当者の恣意的な判断に委ねられているのである。

（5）テレビ朝日コンテンツビジネス局国際番販チームの坂本道子氏インタビュー。

第四章　韓国人視聴者から見た日本のテレビ番組

外国製テレビ番組へのニーズ

一般に、どのような番組であれば、高視聴率へつながる可能性が高いと考えられるのだろうか。もちろん法則のようなものが存在するわけではない。しかしながら、放送局が放送番組を決定する上で必要条件として常に重要視してきたのは、ドラマであれ、ドキュメンタリーであれ、バラエティ番組であれ、あるいはニュースやスポーツ中継であっても、その内容を視聴者が理解し、共感や感情移入ができるかどうかという点だろう。

では、どのような番組であれば、視聴者は理解しやすく、共感しやすいと考えられるのだろうか。テレビ番組に限らず、人々の大衆文化製品選好を規定する要因として、これまで多くの学者によって「文化的近似性（cultural proximity）」が提唱されてきた。

そもそも、大衆文化製品とは、それが作り出される文化による創作物である。作者の考え、制作者の想像力、出演者の解釈——それら全ては、彼らの文化的背景に影響される——を反映しているからである。そして、そのように制作された大衆文化製品の内容を、視聴者や観客、読者などの受容者は、自分自身の文化的コードに基づき解釈する。

テレビ番組の価値も、その番組が表す意味を視聴者がどのように理解・認識するかによって決まるところが大きい。ところが外国製番組の場合、そこに見られる表現方法、価値観、行動様式、信念、慣例に視聴者が共鳴しづらい場合がある。このように、特定文化に根ざし、その文化環境でのみ魅力的な番組は、異文化空間では訴求力を損失し、その番組が本来持つ価値が低下すると考えられる。

従って、受容者は一般に大衆文化製品の内容に文化的近似性を求め、自国製品か、あるいは自国製品ほどではないが、似たような文化を持つ国の製品を好む傾向にある。具体的には、文化的近似性は、大衆文化製品を受容者が共有する際の基となる言語によるところが大きいが、アイデンティティ、生活パターン、ファッション、宗教的要素、ユーモアの定義、ジェスチャーなど口頭以外のやりとり、話のテンポなど、言語以外のレベルにも見られる。もしも日本とアメリカで笑いの質が違うならば、日本のお笑い番組がアメリカの視聴者に受容されることは難しくなる。

繰り返しになるが、ある文化集団の成員（例えば日本人視聴者）に受け入れられる大衆文化製品が、そこに含まれる表現方法や価値観、行動様式などに共鳴できない異文化集団の成員（例えば外国人視聴者）には受け入れられない可能性がある。そのため、文化的境界線を理解することは、特に各市場の文化によって受容の度合いが左右される製品を流通させる際に重要であり、このことはテレビ番組にも当てはまると考えられる[1]。

実際に、一九九〇年代中盤、日本のドラマが台湾や香港などで人気を得た時や、二〇〇〇年代に入って、韓国ドラマが日本で受け入れられた時、視聴者が作品に感じる「文化的な近さ」が説明変数として挙げられた。例えば韓国ドラマの日本での受容に関して言えば、そこに描かれる家族関係や恋愛関係に親近感や懐かしさを覚える、あるいは舞台となる都市での生活様式に似通った社会環境を感じるという声が聞かれた。

当然、テレビ番組の国際流通は、文化的要因のみで決まるものではないが、それでも、章頭に記したように、視聴者が番組の内容を理解し、共感するためには、文化は非常に重要な役割を果たす。筆者が調査のために話を聞いた、テレビ局で番組の国際販売に携わる実務家のうちの何人かは、韓国では基本的に韓国の番組が強く好まれると述べたが、一方で、日本と韓国の視聴者は、比較的似たようなものに泣いたり笑ったりする傾向があることを指摘する者もいた。日本人視聴者が韓国のテレビ番組に文化的近似性を感じるのであれば、逆も真なりで、韓国人視聴者も日本のテレビ番組に文化的近似性を感じるとも考えられる。

(1) もちろん、ハリウッドの大作映画の多くや、先の『おしん』の例に見られるように、作品の魅力が市場文化によって左右される程度が弱く、世界中で普遍的に受容される作品もあるが、稀有である。

韓国での日本ドラマ評

二〇〇四年に日本ドラマが韓国のケーブルテレビで放送を開始されるのに先がけ、韓国放送映像産業振興院が日本ドラマの特徴をまとめている。それを参考にしながら、以下では、韓国人視聴者に日本ドラマがどのように見えるのか考察してみよう。

内容面に関して、韓国ドラマでは家族を中心に、愛と葛藤を素材にした作品が大部分である一方、日本ドラマは若者視聴者をターゲットにしている恋愛モノや、ミステリーやサスペンス的な要素を加えた作品など、ドラマの素材の幅が多様であり、勧善懲悪、ハッピーエンド、純愛などの展開を好んで使うわけではない。また、表現に関しても、日本ドラマは情事や暴力場面の許容範囲が韓国ドラマよりも広い。

日本と韓国の制作方式の違いも、作品に違いを生じさせる。日本ドラマの場合、後で詳しく述べるとおり、放送回数は一二回前後が一般的であり、韓国ドラマより総じて少ない。その分、ストーリー展開が早く、カットの長さも短いものが多いという。また、立体的な照明を重視し、音楽や効果音を頻繁に挿入することも、韓国ドラマには見られない特徴だとしている。一方、俳優の演技力は韓国人俳優より劣っている場合が多く、演技力がなくとも人気があればキャスティングされるケースも多い。もちろん、作品によっては当てはまらない場合もあるが、概ね正確な論評と思われる。

加えて、韓国人視聴者には日本ドラマは複雑すぎるという声もある。日本文化の評論家として一時期、韓国メディアによく取り上げられていた金智龍は、日本ドラマは現実的で細かく、見た後に疲れるが、韓国ドラマは現実離れした童話で、台詞の中にはひどいものがあるが、心が和み、癒されると述べている（菅野 二〇〇五）。伝統的に韓国人視聴者は、多少リアリティが欠如していても、純愛的な素材を好む傾向にある。

しかし一方で、このような日本ドラマに見られるリアル感や細かさを、肯定的に捉える意見もある。韓国コンテンツ振興院日本事務所の金泳徳所長は、日本ドラマは韓国ドラマよりもストーリーが短く、コンパクトにまとまっているが、それと同時に、日常のディテールと専門職を繊細かつ巧妙に描いていると評している（金泳徳 二〇一〇）。

また、日本ドラマの素材が独特である点は、筆者がインタビューした韓国のテレビ局の海外番購入売担当者も指摘していた点である。例えば、バーテンダーを主人公とし、バーでの出来事や、そこでの人間関係を描くようなドラマ（『バーテンダー』、テレビ朝日系列で二〇一一年一月〜四月放映）は、韓国では生まれにくいという。さらに、日本ドラマは登場人物の感情表現が穏やかで、韓国ドラマに比べて葛藤を前面に出さないものが多いという声も聞かれた(2)。

日本ドラマに対する上記のような感想は、恐らく韓国人視聴者にとって一般的なものだと思わ

（2） MBCプラスメディアのマーケティング広報担当、キム・テヒ氏およびSBSプラスへのインタビュー。

れる。一〇代から三〇代までの日本ドラマ視聴者一九人へのインタビュー結果をまとめた報告書でも、日本ドラマは韓国ドラマよりもジャンルが多様で、様々なテーマを緻密に扱っている点、そして、日常をミクロ的に描きながら、都市的、個人的、現代的生き方を良く表現している点が、その魅力として強調されている（リ 二〇一〇）。

その報告書に見られる個別の意見をいくつか記すと、一九歳の大学生は、日本ドラマは現実的で、無窮無尽な素材が魅力であるとし、三二歳の大学院生は、日本ドラマはジャンルが多様で、極点な設定が少ないと述べている。また、三五歳の大学院生は、日本ドラマはドラマの展開がスピーディーでカメラワークが良く、画面がきれいだと語っている。

付記するならば、日本ドラマには人気漫画や小説を原作としている作品が多い。従って、日本ドラマはなぜジャンルが多様で、テーマが緻密なのかという点を突き詰めると、実は日本における漫画や小説の素材の豊かさがベースになっているからと考えられる。

若者にとっての日本のテレビ番組

日本のテレビ番組は韓国の視聴者に実際にどのように視聴され、また、認識されているのだろうか。ここからは、筆者が二〇一〇年九月末に韓国・ソウルで実施したフォーカスグループでの意見に基づき進めていく(3)。

日本のテレビ番組に関するフォーカスグループは二回に分けて行い、一回目のセッションは二〇代の大学生および大学院生五名（男性三名、女性二名）を対象に、そして二回目のセッションは、次節にあるように、四〇代の五名（男性二名は会社勤務、女性三名は主婦）を対象とした。彼らは皆、韓国のテレビ文化の中で育ったこともあり、日本のテレビ番組を韓国のものと比較した上での意見が多く聞かれた。

二〇代の大学生および大学院生五名に、これまで視聴したことがある日本のテレビ番組を挙げてもらったところ、『のだめカンタービレ』や『花より男子』、『電車男』、それに木村拓哉主演ドラマ（『ロングバケーション』、『ＨＥＲＯ』、『Good Luck!!』、『プライド』）などのタイトルが挙がった。いずれも有名な作品であり、韓国でもケーブルチャンネルで放送されたものだが、集まった大学生たちの多くはテレビで見たわけではなく、インターネットの動画サイトからダウンロードして視聴していた（日本の番組の動画流通に関しては、次章で詳細に述べる）。

日本ドラマの魅力を尋ねたところ、内容が理解しやすいとか、共感しやすいといった声は特に出なかった。しかし同時に、違和感を覚えるといった意見も特に聞かれなかったことを考えると、先に記した日本と韓国の文化的近似性は、番組視聴時に有利に作用しているかもしれないが、特に意識されることはないものと思われる。

（3）フォーカスグループとは、企業が製品やサービスについて、数名の消費者から深い情報を収集するために行われるグループインタビューである。

Eさんは、日本ドラマの魅力として、制作者が意図したとおり最初から最後まで作られている点を挙げた。意味がわかりづらかったので質したところ、韓国ドラマの場合は、インターネットなどを通してテレビ局に寄せられる視聴者からのフィードバックによって、脚本を書き替えることが珍しくなく、また、放送開始後、回を追うごとに視聴率が良くなっていけば、最初に予定されていた話数よりも延長して制作されることがある。そのため、韓国ドラマは視聴者の反応を意識しすぎているが、それに比べて日本ドラマの場合は、制作者が自分の作りたいものを自信を持って作り、視聴者に届けている感じがするという。

ただし、この点に関しては賛否が分かれており、K君は、日本ドラマは予定調和な感じがして、韓国ドラマのように、物語の展開がわからない分、次はどうなるのかどきどきして期待感が増すことがないと言う。テレビ番組制作者の観点からすると、韓国ドラマのように、初めに決めたストーリー展開を放送途中から変えたり、話数を増やしたりすると、出演者や制作スタッフのスケジュール調整が大変ではないだろうかと現実的な問題を懸念してしまうのだが、そういったことはドラマ視聴者にとって関係のないことなのかも知れない。

さらにK君は、日本ドラマは話数が少なく、韓国人の感覚からすると放送が早く終わりすぎると言う。日本ドラマの話数は三か月間（一クール）週一回の放映分であり、一一〜一二話が一般的である。一方、韓国ドラマは平均して二〇話前後（例えば『冬のソナタ』は全二〇話）だが、時代劇や三〇分ドラマは総じて話数が多く、一〇〇話以上のものもある。

話数が多い方が良いか否かは、当然ながらドラマの内容や演出次第、あるいは個人のライフスタイルによるところが大きい。優れた作品は話数が多くても飽きずに見続けられるだろうが、やたらと話数が多いだけでは間延びしてしまう可能性がある。台湾や香港で日本のドラマが大人気だった頃は、日本ドラマは一一～一二話くらいに濃縮されているので、一気にビデオで見るのにちょうど良いと言われていた。また、先に紹介した、韓国の日本ドラマ視聴者へのインタビュー結果をまとめた報告書でも、日本ドラマの簡潔な展開や話数の少なさは、若者を中心とした視聴者の文化消費パターンに合致するとまとめられている。

話を日本製番組の視聴に戻す。S君は日本のバラエティ番組、特に『ガキの使いやあらへんで』の大ファンである。テレビ放送はされていないので、インターネットでダウンロードして視聴している。韓国の娯楽番組にはない企画や構成が新鮮で、ダウンタウンら出演者のことも好きになった。日本と韓国では笑いのツボが似ているようだ。中には、地上波放送で放送されることが信じられないような内容のものもあるが、『ガキの使い～』は、韓国でも地上波では放送できないとしても、ケーブルテレビで放送されれば、かなり人気を呼ぶだろうと話す。

フォーカスグループに参加した若者たちは、日本の番組を視聴する際、ケーブルテレビよりもインターネットの動画サイトからダウンロードすることの方がはるかに多いのだが、それはなぜだろうか。彼らはインターネット世代であり、決められた番組を見るために放送時間に合わせてテレビをつけるよりも、自分が視聴したいコンテンツを都合の良い時間に視聴できる方が、ライフスタイルに合っているという声が聞かれた。昨今よく聞かれるタイムシフト視聴に関するこのような言説は、やや紋切り型とはいえ、確かに説得力がある。

その一方で、Eさんの意見は一風変わっており、興味深い。彼女の家にはテレビが一台あり、チャンネル選択の主導権は両親、特に父親が持っている。家族でテレビを見ている時、日本ドラマにチャンネルを合わせようとすると、父親に「日本の番組なんか見るな。韓国のものを見ろ」と言われかねない。実際、まだ韓国にはそのような世帯が多いと思われるので、日本のテレビ番組が放送されても、多くの家庭で茶の間で視聴されることは難しく、結果として、見たい人は自分の部屋で、一人でインターネットを介して見ることの方が多いのではないかとEさんは推測する。

実は、話を聞いた若者たちの多くは、韓国で日本のテレビ番組が規制されていることを知らず、筆者がその旨を告げると驚いていた。日本の大衆文化開放が世間を騒がせた一九九〇年代末、彼らがまだ小学生だったことを考えれば、無理もないのかもしれない。彼らの反応は、「言われてみれば、日本のテレビ番組はアニメ以外やっていない」といったもので、そもそも、なぜ日本のテレビ番組が放送されないのかを考えたこともなかったようだ。Hさんもそんな一人だが、地上波放送では、日本製に限らず外国の番組は放送しないものだと思っていた。

総じて彼らは、番組が日本製であっても特別な感情はなく、自然に受け入れているような印象を受けた。Y君やHさんは、「政治問題とテレビ番組視聴は全く別であり、どこの国の番組かを考えてテレビ番組を見ているわけではない。従って、仮に竹島問題や歴史問題が起こり、韓国の政治家やメディアがそれを声高に糾弾していても、そのために日本のテレビ番組視聴をやめるようなことはない」と言う。余談だが、Y君は日本のフィギュアが好きで買い集めているのだが、フィギュアそのものにハマるだけで、日本と韓国の歴史的な関係など頭にないと話す。

また、日本のテレビ番組に多く接しても、そのことが韓国人としての文化的アイデンティティの崩壊には繋がらないという意見が数人から聞かれた。むしろ、自分たちの情緒に基づき番組を選別して、視聴したいものを視聴するだけだという。現在視聴している日本のテレビ番組は、彼らの情緒に合うのである。

もちろん、五名の若者に話し合ってもらっただけなので、そこで出た意見を韓国の若者全体に一般化することはできないだろう。現に、日韓関係が悪くなれば、韓国人として当然、日本に対して否定的感情を持ってしまうので、結果として、日本の番組に対しても無意識的に拒否反応が起きる可能性があると指摘した人もいた。

中年にとっての日本のテレビ番組

二回目のフォーカスグループのセッションでは、中年の男女五名に集まってもらった。四〇歳代前半という筆者と同世代の韓国人が、日本のテレビ番組に対してどのような認識を持っているのか、そして、彼らの認識は先の若者たちの認識とどのように異なるのかなど、興味深い点が多かった。また、彼らの親は日本の植民地支配を経験した世代であり、そして、彼らの子供は小学生から高校生までの、メディアの影響を最も受けやすい世代である。そこで、彼らの家族たちが日本のテレビ番組に接触することについても考えを聞きたかった。

まず、日本のテレビ番組の視聴経験を尋ねた。会社員のH氏は時々日本ドラマを見ているが、どの作品もクオリティが低く、途中で見る気が失せ、いつも五分や一〇分でチャンネルを変えてしまうと言う。日本ドラマは、出演者の演技も、台詞回しも、ストーリーも、韓国人視聴者の情緒に合わないと、何度も繰り返し主張していた。韓国のケーブルテレビで放送された日本ドラマの多くが、若者層をターゲットにした作品である以上、四〇代のH氏の情緒に合わないことは理解できるのだが、だからといって、韓国人の情緒に合わないと断言するのは極端に思われた。現に、若者たちを対象にしたフォーカスグループでは、日本ドラマは情緒に合わないといった意見は、特に出なかったのである。

二名の女性は、日本ドラマを見たことがあるが、特にハマらなかったと言う。『花より男子』を見たYさんは、ストーリーは面白く、原作である日本の漫画の力を感じたが、ドラマ化されたものは俳優が魅力不足だったそうだ。Eさんは、日本人俳優の知名度が低いから、日本ドラマを見る気が起きないと強調していた。誰が出演俳優であるかはドラマ視聴選択の重要な要因であると思われるが、四〇代である彼女らが、日本ドラマで主演を務める若い日本人俳優に興味を持つとは考えにくい。一部の日本の中高年女性が韓国ドラマに出演している若い俳優に夢中になることに、彼女らが違和感を覚えるのも、その裏返しと考えられる。

主婦のKさんは、ほとんど日本のテレビ番組を見たことがないが、自分の受けてきた歴史教育や親から聞いてきた話のために、日本に対して反感があり、日本の番組の放送にも嫌悪感を抱くと話す。彼女の場合は、日本の着物などを目にするのも嫌だと話していたから、まさに「坊主憎けりゃ袈裟まで憎い」といった感があるのだが、他のフォーカスグループ参加者の多くも、程度の差はあるが、日本という国に対しては否定的であり、それと関連して日本のテレビ番組も認めたくないという態度が見て取れた。

実のところ、彼らの話を聞いていると、約二〇年前に筆者が韓国に留学していた頃、同世代の韓国人学生たちが異口同音に語っていた内容と、あまりにも似ていて驚いた。詳細はここでは記さないが、日本に関する話になると、どうしても歴史問題や政治家のナショナリズム的言動に話が及び、最後は感情的に日本を否定する人が多い。二〇年前の大学生は今の四〇代であり、フォーカスグループに参加した人たちと同世代だ。時が流れ、世の中で「日韓友好」とか「未来志向のパートナーシップ」などという言葉が盛んに喧伝されるようになっても、彼らの日本観は、本質的な部分ではあまり変わっていないのではないかと思ってしまう。

韓国で日本のテレビ番組が規制されてきたことは、ほとんどの人が知っていた。そこで、そのことの是非について尋ねてみた。まず、自分たちの親の心情を考えると、日本の番組の放送は規制すべきだという声が上がった。

H氏は、日本の植民地支配を経験した自分の両親（七八歳）は、テレビ番組に日本人が出演し、日本語で話すようなことは、いまだに受け入れられないだろうと話す。そこで、H氏の両親は、日本の番組の放送のみならず、日本人がテレビ番組に出演すること自体を拒否しているのかと質した。すると、韓国の番組に日本人が部分的に出演するのであれば、時間にしても長くはないので許容できると思うが、日本の番組であれば、三〇分とか一時間ずっと日本人が出ており、耐えられないだろうと話した。詭弁のように受け取れなくもないが、韓国政府が現在も日本のテレビ番組の全面開放に踏み切らない理由として挙げる国民感情への配慮とは、H氏の両親のような考えを持つ人たちへの配慮なのかもしれない。

次に、自分の子供たちに日本の番組は見せたくないという声も多く聞かれた。参加者の多くは、これまで多くの日本の番組を視聴してきたわけではないのだが、一律に低質かつ退廃的であると先入観を持っているようにも見受けられた。

中でもアニメ番組は、韓国の子供たちに非常に人気があるだけに、親としても内容に対して神経質にならざるを得ないのだが、優れた作品がある一方で、目を疑うような場面や表現が含まれているという見方は、参加者の間で一致していた。特に、日本でもPTA全国協議会の実施するアンケートで、毎年「子供に見せたくない番組」に選ばれる『クレヨンしんちゃん』は、教育上問題があると思われており、中には『しんちゃん』が成人向けアニメ作品であると誤解している人までいた。

Kさんは高校三年生の息子を持つが、日本をはじめ外国の大衆文化が無制限に流入し、子供たちの世代がそれに魅了されることで、自分たちの文化的アイデンティティが失われることを懸念している。今日の若者は、自分たちが若かった頃に比べて、刺激的な作品に対して免疫があるようだが、扇情的で暴力的な日本の娯楽番組などが無制限に入ってくることに対して、実は、いまだに精神的な準備が出来ていないと考えている。

しかしその一方で、文化的多様性を確保していく上で、日本製のみならず外国のテレビ番組を受け入れていくべきだという声も聞かれた。S氏は、最初は拒否感があったが、韓国に入ってくる外国製番組に接し、それまでよりも多面的な見方や考え方ができるようになったそうである。また、実際に三人の子供の父親であり、日本のアニメに関しても、実生活を扱った作品が多いので、そこから子供たちが学ぶものもあるはずだと述べる。

若者と中年の温度差

急激な社会変化を経験した韓国では、世代間ギャップが重要なキーワードになっており、世代間の葛藤の深刻化が伝えられることは多い。従って、画一的な韓国人論は、もはやあまり意味をなさなくなってきているのかもしれない。もちろん、韓国の若者に、伝統的な儒教精神に基づく倫理観念や従来の風習が欠如しているといったわけではないが、彼らはそれら伝統的な部分と新しい価値観や思考様式を併せ持っているように見える。

実際、フォーカスグループに参加した二〇代の大学生・大学院生たちは、自分たちは自由な雰囲気の中で育ち、「好きなものは、理屈ではなく好き」と考えるが、そういった考えは、親世代である四〇代の会社員・主婦たちには受け入れられにくいと言い、逆に中年たちからは、子供たちとは会話や意思が通じないことがあるという声が聞こえた。こういった世代間ギャップに関する話は、日本でも昔から聞かれる類のものではあるが、韓国の場合は過去二〇年間くらいの社会変化が急速だっただけに、より深刻な感じがする。

ある程度予想されたことだったが、日本のテレビ番組についての考えも、若者たちと中年たちとでは大きく異なっていた。これも世代間ギャップの現れと捉えることは可能だろう。

概して若者たちは、実際に日本のテレビ番組をインターネットなどで視聴し、面白ければハマるし、つまらなければ視聴しない。もちろん、彼らに日本に対する民族的な感情がないわけでも、彼らの政治的意識が低いわけでもないのだが、歴史問題と大衆文化消費は別であり、受け入れるかどうかはコンテンツの品質次第と考える傾向があるように見受けられた。一方、中年たちは旧態依然とした「よりによって日本の大衆文化をなぜ消費するのか?」という思考回路から脱却していない。彼らにとって、日本の大衆文化は政治や政策に影響されて然るべきものなのである。要するに、若者にとっては、日本のテレビ番組は単なる外国のテレビ番組でしかないのだが、中年には、韓国を苦しめてきた日本のテレビ番組であることが特別な意味を持つ。そして、若者は「面白いから、見てもいい」と考え、中年は「面白くても見てはダメ」と考えるのである。

日本に関する事物が全否定された過去と比べると、「日本のものでも良いものは良い」と考える人が、若い世代を中心に増えてきたことは、日本人としてはひとまず喜ばしいことである。そのような中から日本に興味や親近感を持つ者が現れ、また、日本の若者の中にも韓国に対して関心を持つ者が増えれば、お互いへの偏見は減り、逆に個性や長所を認め合い、結果として、相互理解は深まると期待される。そのためのきっかけとして、大衆文化、とりわけその代表格であるテレビ番組が果たす役割は少なくないだろう。

しかしながら、今日の韓国の若者に接する際、我々日本人が陥りやすいのは、彼らが日本の大衆文化を受容するようになることを、歴史問題まで帳消しにされたと錯覚してしまうことかもしれない。当然ながら、どのような大衆文化であれ、そのような力があるわけはなく、その意味において過大な期待は禁物である。

このことは、以下の例に端的に現れている。フォーカスグループに参加したYさんの息子は、『機動戦士ガンダム』と任天堂のビデオゲームが大好きな小学校三年生である。しかし同時に、歴史を学校で教わり、「日本は嫌い。日本は悪い」と言っている。彼の中では、大人から教わる歴史に出てくる日本と自分で経験する日本が、違和感なく共存している。今後、成長していく過程で、他の多くの若者同様、歴史は歴史であり、大衆文化とは区分して考えるようになるのかもしれない。しかし、区分して考えるからこそ、どれだけ日本の大衆文化が受容されようとも、韓国人に伝統的に受け継がれていく歴史観が変わることも、植民地時代に受けた苦い経験が風化することもないことを、日本人はしっかりと認識する必要があるのではないか。

第五章　インターネット違法動画流通の影響

韓国でテレビ番組視聴方法として定着しているのが、インターネット経由の視聴である。前章で紹介したフォーカスグループで話が出たように、日本のテレビ番組も、動画サイトなどからファイルをダウンロードして視聴する人は多い。若者だけでなく、主婦の一人も日本のアニメやドラマをダウンロードして見たことがあると話していた。極論を言えば、韓国における日本のテレビ番組視聴に関しては、ケーブルテレビなどでの放送よりも、インターネットを通して好きな作品を好きな時に見る方が主流であり、一般的だと思われる。

二〇〇四年のことだが、当時アメリカの大学院に籍を置いていた筆者は、韓国人の友人から「『Good Luck!!』（木村拓哉主演のドラマ）のＤＶＤ、貸そうか」と言われたことがある。どうやって手に入れたのか尋ねると、インターネットでダウンロードし、ＤＶＤにコピーしたとのことだった。そのようなことが可能だと知らなかったので大いに驚いたが、最新の日本ドラマは大体見られると話していた。まだYouTubeが世に出る前のことである。

インターネットの出現によって、日本のテレビ番組が、それまでとは比べ物にならないくらい容易に国境を越えるようになった。しかしながら、インターネット上で流通している日本のテレビ番組の動画ファイルの多くは、著作権を無視した違法のものであり、そのようなファイルへのアクセスが増えれば、正規の番組販売ビジネスが軌道に乗ることが阻害されるとも考えられる。実際、韓国でテレビ放送による日本ドラマの流通を困難にしている大きな要因は、不法サイトを含め、韓国で一般化しているインターネットを通じたテレビ番組視聴であるという指摘もある（沈 二〇一〇）。

第二章に記したように、韓国ではいまだに日本のドラマやバラエティ番組の放送が規制されているが、インターネット経由でそれらの番組をいくらでも見られる現状では、韓国の視聴者の多くにとって、正式に日本のテレビ番組が放送されるかどうかは、実は大して重要な問題ではないかもしれない。しかし、正規の番組販売を企てるテレビ局にとっては、違法動画によって視聴者のニーズが満たされているという現状は看過できないだろう。本章では、実態が摑みにくい日本のテレビ番組のインターネット上での流通と、その影響について考えてみたい。

テレビ番組と著作権侵害

テレビ番組は著作権法でいうところの「著作物」、つまり「思想又は感情を創作的に表現したものであり、文芸、学術、美術又は音楽の範囲に属するもの」の一種と考えられる。そのような著作物を独占的に利用することができ、また、他人に無許可で利用されない法的な権利を「著作権」と呼ぶ(1)。著作権は万国共通のものではなく、各国にそれぞれの著作権法があり、日本の作品が海外で利用される時は、その国の法律が適用される。しかし、著作権の概念自体は国際的に普遍なものであり、ベルヌ条約や知的所有権の貿易関連の側面に関する協定（ＴＲＩＰＳ協定）など、著作権保護の国際的な条約が成立している。それら条約の加盟国の著作物は、国内の著作物と同様の保護を与えられることになっている。

テレビ番組も著作物であるから、著作権法で保護されており、従って、テレビ番組を利用する人は、著作権者から許諾を得なければならない。著作権法によって保護されているテレビ番組の映像が、著作権者の許諾なしに、無断でビデオテープやＤＶＤにコピーされて販売されたり、インターネット上でアップロードや配信をされたり(2)、あるいは、後述するように、ファイル交換ソフトで他者と共有されれば、著作権者の立場からすると、著作権が侵害されたことになる。

そもそも、著作権はなぜ遵守されるべきなのだろうか。著作権が侵害されれば、本来であれば

(1) 著作権は譲渡可能なので、必ずしも著作者（作品を創作した者）と著作権者（現在、著作権を有する者）が一致するわけではない。

(2) 日本では著作権法が改正され、二〇一〇年一月一日以降、違法ファイルと知りながらダウンロードすることも違法とされた。ただし、違法ダウンロードを行った者への罰則はない。

得られるべき利益が手元に入ってこないばかりか、長期的には創作活動自体に支障をきたす可能性がある。そのため、著作権を侵害した者は刑事罰の責任を負うことになったり、民事訴訟となり、著作権者から損害賠償を請求されることもある。

しかし、テレビ番組や映画などの映像作品の場合、個人が録画したものを著作権者に無断でコピーし販売するという、いわゆる「海賊版行為」は、かねてより横行してきた。コピーする媒体としてはビデオテープが一般的だったが、その後DVDが登場し、「海賊版＝画質・音質の悪いコピー製品」という概念を覆した。DVDの場合、コピー品であっても、ビデオテープに比べて画質・音質の劣化があまり目立たないものが多く、また、大量かつ高速のダビングが可能である。

そして近年、映像作品の不正流通の主流は、ビデオテープやDVDといった海賊版ソフトの販売から、インターネット上での動画ファイルのやり取りへと変化して来た。いわば、有形のパッケージから無形のファイルへ、形態がシフトしつつあるのである。

韓国の著作権意識

韓国はかつて中国と並ぶ海賊版王国だった。著作権を含む知的財産権保護への取り組みの不十分さや意識の低さが指摘されることも多く、実際二〇〇四年までは、アメリカ通商法における知的財産権侵害国の認定・制裁に関する条項（スペシャル三〇一条）で優先監視国に指定されていた。日本の大衆歌謡曲を集めた海賊版カセットテープが広く出回っていたことは、第二章に記したとおりである。

また、韓国では、インターネット上での音楽や映画の無断コピーに関して、あくまで個人で楽しむ分には良いと、社会全体として、さほど問題視してこなかったが面があるが、それは著作権に対する意識の希薄さの表れだったという意見もある（飯塚 二〇〇二）。筆者が参加した日本貿易振興機構（ＪＥＴＲＯ）の韓国における知的財産保護に関するセミナーでも、韓国人の著作権意識の低さが指摘されていた。

しかし今日では、韓国製品が他国で無断複製されるなど、著作権侵害の被害に遭うことが多くなったことや、あるいは、アメリカとの自由貿易協定（ＦＴＡ）の交渉過程でその整備が必須になったことが引き金になり、韓国社会では著作権意識が高まりつつある。中央日報は二〇〇七年四月一一日の社説で、「著作権意識をワンランク上げて世界的なコンテンツ強国の道を開拓しよう」と呼びかけている。

その一方で、今でもソウルの街を歩けば、海賊版ＤＶＤを売っているのを目にする。しかも、隠れて商売をしているという感じでもない。筆者が二〇一〇年秋、学生で賑わうヘファ（恵化）という街に出ていた屋台や、韓国一大きい電気街・ヨンサン（龍山）の店舗をのぞいてみると、日本映画やアニメの海賊版ＤＶＤはかなりの数のタイトルが売られていた。中には、一〇枚で一万ウォン（約七五〇円）という大安売りを行っている店もあった。ただ、それら屋台や店舗でも日本ドラマの海賊盤ＤＶＤを目にすることはなかった。韓国における日本のテレビ番組の違法流

写真5·1　海賊版DVDを扱う屋台（ソウル・ヘファ）

写真5·2　海賊版DVDを扱う店（ソウル・ヨンサン）

通は、DVDといった海賊版ソフトではなく、インターネット上での違法動画ファイルという形式が圧倒的主流を占めている。

韓国では、映像コンテンツのインターネット上での違法流通が深刻化している。そのあおりを受ける形でDVD市場は衰退し、現在ではビジネスとして成立しないほどである。レンタルビデオ店は二〇〇二年から二〇〇九年までの七年間で一〇分の一に激減し、また、アメリカの大手映画会社も軒並み、韓国でのDVD事業からは撤退している。

海賊版DVDであれ、違法動画ファイルであれ、著作権者の経済的損失という問題を引き起こす点は同じである。しかし、日本のテレビ番組が韓国でそのような形で流通することに関しては、一点考慮しなければならない点がある。それは、韓国では日本の大衆文化が規制されてきたという点である。ドラマに関しては、一九九〇年代に海賊盤ビデオテープが出回っていた話を先に記した。今日でも、非常に限られた数のタイトルがケーブルチャンネルで放送されているに過ぎず、また、バラエティ番組はいまだに規制対象である。つまり、日本のテレビ番組は正規にはほとんど流通していないのである。

従って、韓国に居住する者が日本のテレビ番組を視聴したいと思っても、なにかしらの違法ルートでアクセスしない限り、視聴する機会が得られないことが多いのが現実である。前章で紹介したフォーカスグループに参加した学生に違法ダウンロードの是非を聞いても、「それしか番組を視聴する方法がない」という答えが返ってくるだけである。

考えようによっては、海賊盤や違法ファイルが出現し、流通するということは、その作品の人気が高いことの表れである。もちろん、筆者は違法行為を認めているわけではない。しかし、日本の番組に対する飢餓感が、かつては海賊盤によって、そして、今日ではインターネット上の違法動画流通によって、多かれ少なかれ満たされている現状があることは、韓国における日本のテレビ番組の流通を考える時、非常に重要な点である。

パソコン通信での情報交換

韓国におけるインターネット上の違法動画流通の原点は、パソコン通信に見ることが出来る。韓国では一九九〇年代からパソコン通信が盛んに行われてきた。一九九八年のパソコン通信加入率は約二五％であり、また、パソコンを所有していなくても、一時間当たり一五〇〇ウォン（当時のレートで約一三五円）程度でパソコンを利用できるスペース、「ＰＣバン」（今日のネットカフェのようなもの）が街のあちこちにあり、人々に気軽に利用されていた。

パソコン通信と聞いて懐かしく思う人もいるだろうが、今日では一体それが何のことかわからない人もいるだろう。パソコン通信とは、ホストコンピューターのサーバーに多くの人が自分のパソコンを電話回線で接続し、情報をやり取りするサービスであり、会員同士での電子メールの送受信や電子掲示板、ファイルアーカイブなどの機能を持つ。規模も、数百万人の大規模なものから、数人のサークル内での情報交換に使われるプライベートなものまで様々だった。

パソコン通信の場合、システム自体は特定のサーバーと参加会員の間だけの、いわば「閉じたネットワーク」であり、基本的には他のネットワークとの相互接続性や操作の統一性はなかった。この点が、ネットワーク同士をつなぐインターネットとの大きな違いである。従って、パソコン通信では、ホストコンピューターにある情報しか得られなかったが、大規模なホスト運営団体には趣味・話題を共通にする集まりがいくつもでき、それぞれの中で情報交換がされるようになっていった。パソコン通信がマイノリティ・ネットワークの形成・維持に大きな役割を果したたと言われる所以である。

韓国最大のパソコン通信サービスだったハイテルの場合、ユーザーたちが作ったコミュニティは、二〇〇一年の時点で五〇〇〇以上にも達していた。そのハイテルやチョルリアン（千里眼）、ナウヌリなどの大規模なパソコン通信サービスには、日本大衆文化同好会のようなコミュニティも多数生まれ、日本に滞在する韓国人が最新情報を送ったり、また、意見や情報を交換する場として機能することとなった。

パソコン通信で送受される情報は文字データが中心だったが、一九九七年から九八年頃になると、MP3などの音楽ファイルがアップロードされ、会員は好きな楽曲をダウンロードできるようになった。一曲ダウンロードするのに一五分から二〇分もかかったが、韓国では日本の大衆音楽が規制対象となっていたため、それまでの海賊版カセットテープやCDに加えて、一九九〇年代後半には、パソコン通信が日本の大衆音楽を非公式に韓国に広める役割を担いはじめたと考えられる。

しかし、アニメやドラマなどの動画ファイルに関しては、音楽ファイル以上にデータ量が大きく、通信速度が遅いパソコン通信で扱うのには限界があった。アーカイブに低画質・低容量の動画ファイルがアップロードされることもあったようだが、(3) パソコン通信におけるコミュニティ上ではあくまで情報交換が主であり、実際の動画視聴は、上映会を催したり、ディスクにコピーしたものを会員同士で交換したりしていた。

インターネット上の違法動画ファイル

韓国では一九九九年頃からブロードバンドが普及し、短時間で大量の情報を送受信できる高速

(3) 第四章で紹介したフォーカスグループに参加したK君は、一〇年ほど前にパソコン通信で日本のドラマを視聴し始めたと言っていた。

インターネット環境が整えられた。これによって、大容量の動画をインターネット経由で視聴することが容易になり、人々の間で急速に広まっていった。それに呼応するように、二〇〇〇年前後、地上波放送局が相次いで番組を配信し始めたのは、第一章に記したとおりである。

高速インターネットは、それまで膨大な時間がかかっていた動画のダウンロードを、短時間で完了できるようにした。このような中、パソコン通信で発生した日本大衆文化の同好会の掲示板はインターネットに引き継がれ、さらに発展して行く。掲示板には日本のテレビ番組の動画が投稿され始め、同好会同士で情報の量、質、そして早さを競争し合うことで、日本のテレビ番組の投稿はさらに活性化していく。日本で放送されたドラマはすぐさま韓国語に翻訳され、「ファンサブ」と呼ばれる字幕が付けられ、一〜二日後には同好会の掲示板に登場することが当たり前になり、速く正確に翻訳や字幕処理をする人は同好会内で尊敬を集めた（キム・ヒョンミ 二〇〇四）。

このような同好会は、二〇〇〇年代中盤まで、韓国における日本のテレビ番組視聴において重要な役割を果たす。しかしその後、インターネット上に多様な動画サービスが登場すると、日本の番組は、より直接的かつ個別的に視聴されるようになっていく。それでは、どのような経路を通して視聴されているのか見てみよう。

まず、「P2P（Peer to Peer）」と呼ばれる、不特定多数の利用者をインターネットでつなぎ、個々の利用者が所有するファイル交換を可能にするシステムがある。これは、ファイル共有ソフトを持つ個人同士が直接ファイルを送受信し合うものである。厳密には、中央サーバーが利用者のファイルのリストを管理しており、どのファイルがどこのコンピューターに存在するかというインデックス情報を元に、利用者はファイルを保管しているコンピューターを特定して、欲しいファイルを受信するという仕組みになっている。違法ファイルが共有されることもあり、日本でもファイル共有ソフトＷｉｎｎｙの利用者が二〇〇三年に著作権法違反で、そして、開発者が二〇〇五年に著作権法違反幇助容疑で逮捕されるという事件にまで発展している。

さらに、「ウェブハード」と呼ばれるオンライン・サービスもある。日本ではあまり聞きなれないが、これは、サービス事業者が設置するウェブ上のストレージ（サーバーのディスクスペース）に、ある利用者がアップロードしたファイルを、他の利用者が閲覧し、ダウンロードするシステムだ。ダウンロードに対しては課金するサービス事業者が多く、あるファイルに対する課金の一部を、そのファイルをアップロードした利用者に還元する事業者もある。

韓国では、ウェブハードは違法動画ファイル流通の温床とされ、二〇〇〇年代前半より、たびたび社会問題となってきた。二〇一一年三月二八日の中央日報は、韓国国内のオンライン違法コピー物は一兆四二五一億ウォン（約一〇〇〇億円）規模にのぼり、その三二・五％がウェブハードで流通していると伝えている。

映画産業にとって作品の違法ダウンロードによる被害は深刻で、二〇〇六年から二〇〇八年にかけて、ユニバーサル、パラマウント、ブエナ・ビスタ、二〇世紀フォックス、ソニー、ワーナーといった、アメリカの大手映画会社は軒並み、韓国のＤＶＤ業界から撤退した。理由として、違法ダウンロードや海賊版ＤＶＤによる収益減少で、二〇〇八年のＤＶＤ市場の売り上げ予想が二〇〇二年のわずか半分となったことが挙げられた。

二〇〇八年には、映画会社や関係団体が大型ウェブハード運営業者八社を著作権侵害で提訴している。ソウル中央地検は、「ＰＤボックス」や「クラブボックス」を運営するナウコムなど八社を家宅捜索し、会員リストや料金徴収内訳、収益などが収録されたハードディスクと関連書類を押収し、翌二〇〇九年には著作権法違反を幇助した疑いで実刑が宣告された。

また、二〇〇六年一二月に成立し、翌年六月に施行された韓国・新著作権法は、著作権者がＰ２Ｐやウェブハード運営業者に対して、著作物の不法伝送を遮断するなどの技術的措置を取るよう要求できるように定めている（新法第一〇四条）。権利者の要求にもかかわらず、遮断措置を取らなかった運営業者は、文化体育観光部によって三〇〇〇万ウォン以下の罰金を科せられる。

罰金の賦課金額は未遮断率に応じて、つまり、遮断措置が取られていないほど、高額の罰金が科せられるわけだが、実は、日本の著作物は未遮断率の算定の基礎から除外されている。この罰金制度の導入によって、韓国の著作物の違法流通は改善の見込みはあるが、日本の著作物はその枠外に置かれているのである。

動画共有サイトの隆盛

インターネット上の動画サービスとしては、日本にも利用者が多い YouTube などの動画共有サイトが二〇〇〇年代半ば頃から急速に普及し、誰でも簡単に動画をアップロードし、また、ダウンロードして視聴することができるようになっていく。検索機能もあるので、簡単に視聴したい動画を探し出すこともできる。

しかしそこには、著作権法で保護されているテレビ番組を、個人が著作権者に無断で投稿した違法投稿が後を絶たない。放送局や著作権関係団体は著作権侵害を確認し次第、YouTube側に映像の削除を依頼しているが、YouTubeが削除しても、すぐに新たな違法映像が投稿されるという状態が続いている。

韓国版YouTubeと言われるのがPandoraTVである。YouTubeと違い、アップロード容量無制限となっており、一時間番組であってもCM以外の正味四六分程度が一つのファイルになっている。こちらにも違法投稿された日本のテレビ番組の動画が並んでいる。

実は、PandoraTVは二〇〇八年八月、著作権侵害動画の削除要求を拒否したとして、日本音楽著作権協会（JASRAC）に提訴されている。JASRACによれば、二〇〇八年四月時点で二万六一三件の著作権侵害動画ファイルが確認され、合計三八一万二一九八回の視聴が行われていた。使用料規程に定める一曲一回の使用料に基づき算定すると、一億二八〇〇万円を超える損害が発生しており、同様のペースで権利侵害が続く場合、一か月九四四万円の損害になると算定された。PandoraTV側は、「削除要請を拒否した事は一度たりともない」と説明し、損害賠償支払いを命じる東京地裁の一審判決を不服とし、知財高裁に控訴したが、二〇一〇年九月、控訴

写真5·3　日本ドラマが並ぶ動画サイト・TV Dosa

は棄却されている。

動画サイトは多様化し、日本ドラマ専用サイトも多く存在している。検索サイトに「日本ドラマ」と韓国語で入力すると、動画サイトが多数表示される。筆者が閲覧したサイトTV Dosaもその一つで、二〇〇七年以降に投稿された二〇〇〇を超える動画ファイルが並ぶ。「3GBから5GBの高画質動画を無料ダウンロードし放題」を売り物にしている。

二〇一一年二月二二日の時点でTV Dosaにアップロードされている最新の日本ドラマとしては、『バーテンダー』（テレビ朝日系列。相葉雅紀主演）、『外交官　黒田康作』（フジテレビ系列。織田裕二主演）、『美しい隣人』（フジテレビ系列。仲間由紀恵主演）、『CONTROL～犯罪心理捜査』（フジテレビ系列。松下奈緒主演）、『大切なことはすべて君が教えてくれた』（フジテレビ系列。戸田恵梨香主演）、『冬の桜』（TBS系列。草彅剛主演）などが確認できる。全て同年の一月から二月にかけて日本で放送が始まったばかりの作品である。

もう少し細かく見てみると、日本で二月一八日に放送された

『バーテンダー』第三話や、二月一七日に放送された『外交官　黒田康作』第六話が、それぞれ二月二〇日にアップロードされている。日本国内での放送後、わずか二、三日で動画サイトに投稿されていることがわかる。

このことは非常に重要な意味を含んでいると思われる。実は、日本の連続ドラマは通常、日本国内での放送が終了するまで海外市場には販売されない(4)。例えば二〇一一年四月に最終回を迎える『バーテンダー』の場合、テレビ朝日が韓国のケーブルチャンネルに売ったとしても、そこでの放送は四月以降になる。ところが、その頃には多くの人が、上記のような動画サイトなどで既にドラマを視聴してしまっている可能性が高い。

テレビ局にとっての違法動画

ここまで、韓国人視聴者の間に定着しているインターネット経由での日本製テレビ番組視聴について記してきたが、実際にテレビ番組の販売・購入にあたる人たちは現状をどのように捉えているのだろうか。ここからは、日本と韓国のテレビ局で番組販売・購入を担当する人たちの意見を中心に、日本のテレビ番組が違法にインターネット上で流通することの、正規ビジネスへの影響を考察していきたい。

(4)　例外的に、日本での放送前に海外への販売交渉を開始し、契約する「プリセール」が行われることはある。

まずは、日本の番組を販売する立場にある日本のテレビ局の声を紹介する。当然ながら、日本のテレビ局は、著作権侵害に当たる動画ファイルがインターネット上に多数アップロードされることに対して、神経を尖らせている。インタビューした担当者たちからも、動画サイトやファイル交換を通じて番組が視聴されると、正規のビジネスに負の影響が生じるという意見が聞かれた。番組を販売するにせよ、あるいは正規版ＤＶＤを販売するにせよ、市場が成立しない可能性があり、結果的に、そういった正規のビジネス自体を放棄せざるを得ない。

テレビ局側の取り組みとしては、国内で利用者の多い YouTube などの動画共有サイトを常に監視し、自社が著作権を有する番組のファイルがアップロードされているのを発見すれば、すぐに削除要請をしている点が挙げられる。多い時は一日に数百件の削除要請を行うこともある。

また、現在ではテクノロジーも進歩しており、インターネット上で流通する違法動画を自動的に見つけ出すシステムが開発されている。これは、あらかじめ登録した著作物データベースと投稿動画を指紋認証のように照合できる「電子指紋」と呼ばれる技術を応用したもので、著作権を侵害している動画を自動的に検出できる。

しかし、韓国をはじめ外国の動画サイトに関しては、サイト運営者を特定するだけでも大変な作業であり、手つかずの状態になっているのが現状だ。しかも、削除された動画が後日、再びアップロードされていることも珍しくない。ある局の担当者は、外国のサイトまで監視する人も予算もないと話す。採算を考えた場合、もしも正規ビジネスの売上よりも海賊版や違法動画対策にかかる費用の方が大きいようであれば、テレビ局としては対策に乗り出さない可能性が高い。

では、海賊版が出たり、インターネットに著作権侵害の動画ファイルが流れることの影響は、具体的にはどのようなものなのだろうか。ＴＢＳメディアビジネス局で海外番組販売のチーフを務める杉山真喜人氏は、日本で放送された番組が、数日も経たずに韓国語の字幕付きでインターネット上にアップロードされる状況では、それより後になってテレビ放送しても視聴率に悪影響を及ぼすし、ＤＶＤ販売に関しても、韓国では違法ネット視聴の横行でＤＶＤ市場そのものが崩壊してしまっていると話す。

また、テレビ朝日コンテンツビジネス局で国際番組販売のチーフを務める中井幹子氏は、「インターネットを中心としたアンダーグラウンド市場があると、放送権を売ったとしても、果たしてビジネスとして成立するのか微妙だ」と述べる。

二人の番組販売担当者の意見に共通するのは、本来ならばきちんと対価を払って視聴すべきテレビ番組という商品が、無料か、あるいは定価よりはるかに安い値段で手に入れることが、当たり前になっていることに対する危機感である。そして、日本のテレビ局が正規ビジネスの展開に対して慎重になり、二の足を踏んでいる間に、違法ファイルの流通はさらに盛んになっていくという構図が見える。

しかし、これらの意見の一方で、映画とは異なり、テレビ番組の不正流通が実際にどれだけの経済的損失をもたらしているのか、正確に把握できていない中、「大きい声では言えないが」と断ったうえで、「海賊盤や違法動画は、必ずしもビジネスの敵ではない」という本音を話してくれた実務家もいた。これは、海賊盤や違法動画が存在するために正規版が売れないこともある反面、それらが番組のセールスプロモーションをする役割を果たし、潜在的な需要を掘り起こし、後に正規の契約につながることもあるという考え方である。安価あるいは無料で手に入れやすい海賊版や違法動画の広まりによって作品が話題になり、ブームが起き、その後は正規の流通ルートが拡大していく可能性もあるわけである。

そもそも、通常の番組販売であれば、国際的な規模で行われるテレビ番組の見本市などで配布されるカタログや、あるいはウェブサイトで販売番組のリストを見て、海外のテレビ局などが問い合わせて来ることが一般的だ。例えばＴＢＳは英語、中国語、韓国語で番組内容を説明するカタログを作成しているし、ＮＨＫの番組販売部門であるＮＨＫエンタープライズのホームページには、一五〇〇タイトルの番組が紹介されている。これらを見た海外のテレビ局から問い合わせが入れば、先方にサンプルのＤＶＤなどを送付し、実際の番組がどのような感じか見せるようにしている。

ところが最近は、そのようなプロセスを踏まずに、特定番組の販売を直接打診してくるケースが増えてきているという。こういったバイヤーは、インターネット上の違法動画などを通して既にその番組を見て、知っているのである。実際、外国のテレビ局の担当者は、正規にその国へ輸入されていないはずの日本のテレビ番組のことを熟知しており、その意味では、違法に流通している動画が番組販売のガイドラインになっているという話を、複数の日本の関係者が述べている。

それでは次に、日本の番組を購入する立場にある韓国のテレビ局が、日本の番組の違法動画をどのように捉えているか見てみよう。著作権に対する意識が高まりつつあり、また、違法投稿に対する取り締まりや処罰が強化される中、韓国の番組のインターネット上での違法流通は激減しているという。しかしその一方で、日本をはじめとする外国製番組は相変わらず大量にアップロードされ、本国から正規版が韓国に届く頃には、既に多くの人が視聴してしまっている。今日、韓国人視聴者にとって、「日本のテレビ番組＝インターネット上でダウンロードして見るもの」になってしまっているというのは、韓国の放送関係者の一致した見方である。

違法動画は彼らのビジネスにどのような影響を及ぼすと考えられているのだろうか。例えば、視聴者の中には、連続ドラマの初回だけを放送で見て、残りの回は全てインターネットでダウンロードして一気に見る者もいるという。日本の連続ドラマであれば、話数は全部で一一～一二回であることが多い。その気になれば一日か二日で見終わることが出来るボリュームだ。全話を一気に見るというのは、「ドラマの展開が気になるから、次回の放送まで待てない」という視聴者心理の現れだろうが、テレビ局側から見れば、一度は摑んだ客をインターネットに奪われる格好になっている。

しかし、インタビューをした韓国の実務家の中には、違法動画の流通が必ずしも視聴率低下を招くわけではないと述べる者もいた。例えば、アメリカのドラマ『セックス・アンド・ザ・シティ』や『CSI』は、韓国で放送される前に既にインターネット上に違法動画が流れ、多くの人がダウンロードしていたが、それでもテレビでの初回放送時は高い視聴率を記録したという。

また、日本ドラマの視聴率が低いのは、既にインターネット経由で視聴されていたからというよりは、内容自体が韓国人視聴者に受けないものだったからという意見もあった。違法動画の流通がなければ、より多くの日本の番組を放送するかというと、単純にそういうわけでもないようだ。

違法動画と視聴率の相関については、実証的なデータがあるわけではないので、明確な関係を述べることは困難だが、概して韓国のテレビ局は、外国製テレビ番組に関しては、放送前に違法動画がインターネット上に流れていることとありきで考えているように見受けられた。

それでは、韓国のテレビ局は、日本のテレビ番組の違法動画流通にどのような対応を取っているのだろうか。上記の意見からも推測できるが、実のところ何もしていない。彼らは、日本のテレビ局から番組の韓国での放映権を買う立場に過ぎない。自分たちが著作権を有する韓国の番組のような場合ならばともかく、日本の番組に関しては、著作権者ではないのだから、インターネット上の違法動画流通に対しても特別な行動は起こせないという。むしろ、番組の違法流通を問題視するならば、日本側がきちんと対処し、必要であればサイト運営者やサービス事業者に対して制裁などを加えるべきという意見が聞かれた。

また、興味深い意見として、「自分たちが番組を買うために、インターネットの違法動画は必要」と述べる者もおり、日本のテレビ局で聞かれた「違法動画が、日本の番組販売のガイドラインになっている」という話を裏付ける形となった。ヒットしそうな日本の番組を少しでも早く抑え、契約するためには、それらがいち早くアップロードされている違法サイトを訪れ、どのような番組か実際に確認する必要があるという。

日本側の違法動画対策

海賊版や違法動画などは、特にそれらが国際的なレベルで流通している場合、個別のテレビ局というよりも、国が対策に乗り出すべき問題とも考えられる。実際、日本のテレビ局では、海外での著作権侵害に対して自分たちにできることは限られており、国が何らかの措置を取ることに期待しているという声が多く聞かれた。

著作権侵害が、権利者の本来得るべき利益を奪い、新たな創造意欲を減退させうる点はよく言われるとおりだが、結果として日本のコンテンツ産業の国際競争力の弱体化を招いてしまう恐れがある。よりマクロな視点に立って見るならば、海賊版や違法ファイルの存在が経済活動を左右し、引いては日本の産業全体に影響を及ぼしかねない問題であることがわかる。以下では、日本の関係省庁が海外での著作権侵害に対して、どのような施策を推進しているか見てみる。

まずは、産業政策や通商政策、貿易を所掌する経済産業省である。テレビ番組を含むコンテンツ産業は、その潜在力と波及効果の大きさから、今日、日本の主要な成長分野として位置づけられているが、コンテンツ産業政策を管轄し、日本のコンテンツの国内および海外市場での流通促進に当たっているのが、経済産業省商務情報政策局の文化情報関連産業課（メディア・コンテンツ課）である。

日本のコンテンツが近年、「クールジャパン」と称され、海外市場で高い人気を誇る割に、輸出産業として見た場合、関連企業の収益に結びついていない原因の一つとして、海賊版ＤＶＤやインターネット上の違法ファイル等の存在が挙げられる。それらが氾濫する海外市場での正規版ビジネスの展開に対して企業は消極的になり、結果として、そこでの著作権侵害は歯止めがきかず、ますます増加するという悪循環が想定される。

これまで経済産業省は、日本のコンテンツの海外展開を妨げる海賊版ＤＶＤや違法ファイル流通が盛んな国に対しては、対象国政府に対策を要請してきた。また、経済産業省と文化庁の支援により設立された一般社団法人「コンテンツ海外流通促進機構（ＣＯＤＡ）」とともに、著作権侵害対策を実施しており、現地取締り機関への働きかけによる取締り活動も実施している。

圧倒的に取締り数が多いのは中国だが、韓国でも二〇〇九年一月から二月にかけて二五件を取締まり、逮捕者数一五名、押収海賊版一万一一一枚という成果を挙げている。これらのような施策実行が実を結び、また、日本政府からの海賊版取締り要請が強まった結果、アジア諸国における日本のコンテンツの海賊盤ＤＶＤ販売は、二〇〇〇年代初頭に比べて減少傾向にある。

しかしその一方で、韓国に限らず海外での著作権侵害の取締りは、ＤＶＤなどディスクからインターネットへの移行に伴い難しくなっている。海賊版ＤＶＤの場合であれば、現物を押収し、販売者や工場で聞き込み、製造元や流通経路を特定することはある程度可能だろうが、インターネット上の違法動画ファイルの場合、それをアップロードしたのが誰かを特定することは、はるかに複雑である。また、Ｐ２Ｐのサーバーがどこに置かれているのか不明なことも多い。

動画投稿サイトにおける著作権侵害の場合、権利者との協力の下で、無許可でアップロードされた日本のコンテンツの削除を求める通知を中国や韓国などの動画投稿サイト運営者に送付しても、削除要請への対応は、非常に迅速なところから時間を要するところまで様々だが、粘り強く対策を講じていきたいと、経済産業省メディア・コンテンツ課の長谷川俊夫課長補佐は話す。

次に、通信・放送行政を所掌する総務省の対応を見てみよう。放送番組関連施策を担当する情報流通行政局コンテンツ振興課の吉田弘毅課長補佐は、海外動画サイトの場合、削除を要請して実際に削除されても、すぐに再びアップロードされる「いたちごっこ」が続くことが多いと指摘する。現地政府に対して不正流通防止への取り組みを要求し続けているものの、有効な対策が見つかっていないのが現状である。

そもそも違法投稿をしているのは誰か。先にも記したように特定は難しい。ただ、複数の関係者が、恐らく組織的に行われているはずだと推察する。まず、日本に居住している者が、放送されたテレビ番組を録画している。どこで録画されたかはわからないが、写りこんでいるローカル局のテロップやＣＭなどから録画者の居住地方が特定できることはある。

次に、録画映像の内容が韓国語に翻訳され、ファンサブがつけられ、アップロードされる。この段階で、権利者に無許可で行っている場合、著作権を侵害していることになる(5)。しかし、録画した人間とアップロードする人間が同一人物かどうかは、わからない。いったん録画されたものがアップロードする人間にメールなどで送られている可能性は高いが、アップロードする人間がどこにいるかは、やはり特定できない。日本国内かもしれないし、韓国かもしれないし、それ以外の第三国かもしれない。日本以外でアップロードされていても、日本の権利者の権利が侵害されていると訴訟を起こすことは可能だろうが、実際に実行されたことはない。

日本のあるテレビ局の番組販売担当者は、「現在のように、違法動画が出てきたら取り締まるというのでは、終わりのないモグラたたきゲームをやっているようなもので、ただ疲弊していくだけだ。むしろ、そういったものが流通しないようにするにはどうすべきかという方向へ、発想を切り替えなければならない」と話していた。筆者もこの意見には同意する。省庁の取り組みが無益だとは思わないが、より抜本的な解決策を考えていく必要があるのではないだろうか。

では、実効性がある対策として考えられるのは、どのようなことだろうか。日本の政策担当者やテレビ局の関係者のうち何人かが指摘したのは、迅速な正規版の流通である。録画された放送番組が違法にアップロードされ、広まる前に、正規版をインターネット上で見られるようにする。とりわけ、インターネットを通しての番組視聴が盛んな韓国では、番組がインターネット上で視聴可能であるかどうかは重要な意味を持つだろう。

また、日本の番組を買う側である韓国の事業者に、いち早くインターネットでの番組配信を許諾できれば、彼ら自身も、自分たちのビジネスを保護するために積極的に違法ファイル退治に乗り出す可能性は高い。実は、実際の番組販売契約において、日本のテレビ局が韓国の取引相手から、番組のインターネット配信の許諾を求められることは多い。しかし日本の番組は、その多くが日本でもインターネット上で配信されていないのが現状である。国内向けにネット配信していないものを、海外で配信することなどできるのだろうか。この点は番組流通における日本側の課題として、第八章で改めて論じたい。

(5) 著作物をインターネットなどで自動的に公衆に送信できる状態に置く権利(送信可能化権)を有するのは、著作権者および著作隣接権者(実演家など)であり、これら権利者に無断でアップロードを行えば、送信可能化権の侵害である。

第六章　バラエティ番組——パクリとフォーマット販売

　韓国でこれまで度々、世論を賑わせてきたのが、韓国のテレビ番組が日本のテレビ番組を剽窃・盗作したという、いわゆる「パクリ」の問題である。広辞苑によると、「剽窃」とは、「他人の詩歌・文章などの文句または説を盗み取って、自分のものとして発表すること」、そして「盗作」とは、「他人の作品の全部または一部を自分のものとして無断で使うこと」とあり、この二語は類義語となっている。「パクリ」は本来「店の商品を素早く盗むこと」といった意味だが、今日では、音楽や小説などの作品、さらにキャラクターやブランドなどで、他者の作品やアイディアを模倣・盗用することを指すように転用されている。

　パクリの問題は最近になって頻発するようになったものではなく、筆者がテレビ局に勤務していた頃から、「韓国では日本のバラエティ番組のパクリが横行している」といった類の話は耳にした。番組構成やＶＴＲの作り方、スタジオの雰囲気からカット割りまで、そっくりなものから、アイディアだけを参考にしたものまで、程度は様々だが、長年にわたって日本の番組の模倣が繰り返されてきたということは、韓国のテレビ業界の体質的な問題と考えられなくもない。

しかし、このようなパクリに対して、いくつかの新しい動きが出てきている。一つは、韓国人視聴者の眼が、明らかに以前より厳しくなってきていることである。日本のバラエティ番組はいまだに韓国では規制対象となっており、放送されていないが、前章に記したように、違法とはいえ、インターネット上で日本の最新人気番組の多くは視聴できる。日本にオリジナル版が存在することも知りようがなかった昔日とは異なり、今日では、インターネット経由で番組を見た人たちの指摘からパクリが発覚し、批判や抗議の声が上がることが多くなってきている。

また、韓国側のパクリに対して、日本のテレビ局は書面による質問や抗議を行ってきたが、著作権侵害に当たるかどうかは判断が難しい面があった。そこで、テレビ番組の韓国版制作を許諾する「フォーマット販売」を推し進めるようになってきている。これは、これまで無断で盗用されていた番組のコンセプトや構成などを、正式な契約に基づき販売するものであり、今後の国際番組ビジネスの主流になると予想されている。

「釜山出張」の意味

いつ頃から韓国で日本のテレビ番組の剽窃・盗作が始まり、そして習慣化したのだろうか。実は、その歴史は意外と古い。一九七〇～八〇年代の韓国放送業界では、日本の番組をパクるため

「釜山に出張する」という言葉が公然と知られていたという。この言い回しは、韓国の南端にあり、日本の地上波のスピルオーバーを受信できる釜山へ番組担当者が出張し、日本の放送番組を見てくることを意味した。

それから少し経つと、テレビ局員自らが研修という名目で来日し、ホテルでテレビにかじりついて番組を見たり、あるいは持参したビデオデッキで録画したりするようになった。また、日本に居住する協力者が日本のテレビ番組を録画したビデオテープを、定期的に韓国のテレビ局へ提供し、制作スタッフらが会議で視聴することもあった。こういった話は、インターネットがない時代の、いかにもアナログなものであるし、今となってはどこまでが本当か確かめようもないが、今日でも韓国の放送関係者が冗談交じりで口にすることが多い話である。

では、どのような日本の番組がパクられていたのだろうか。筆者と同世代の日本人ならば、子供の頃に好きだった番組として『八時だヨ！　全員集合』を挙げる人は少なくないだろう。TBS系列で放送されていた、一九七〇年代の国民的人気バラエティ番組であり、ザ・ドリフターズとゲストが繰り広げるコントは抱腹絶倒だった。

実は、韓国でも一九七九年にTBCで『土曜日だ　全員出発』という番組が放送されていた。『土曜日だ　全員出発』という番組名も、『八時だヨ！　全員集合』をそのまま模倣している感じがするが、その番組での人気コーナーも「ヒゲダンス」だった。『八時だヨ！　全員集合』で、タキシードを着た志村けんと加藤茶が軽快な音楽に合わせて様々な芸に挑戦した、あの「ヒゲダンス」である。『土曜日だ　全員出発』では、イ・ジュイルが志村けんの役、そしてイ・サンへが加藤茶の役だったが、特にイ・ジュイルは人気を集め、「コメディの皇帝」とまで称されるようになった。

しかし、日本の人気バラエティ番組を盗作したことが政府を刺激したのだろうか、『土曜日だ　全員出発』は低質番組とレッテルを貼られ、イ・ジュイルとイ・サンへには番組出演禁止という重い処分が下る。そして、第一章に記したように、一九八〇年には言論統廃合のもと、TBC自体がKBSに吸収され、消滅してしまう。

その他の番組としては、『八時だヨ！　全員集合』同様、TBSが制作し、一九七〇年代末から放送していた人気クイズ番組『クイズ一〇〇人に聞きました』がある。一〇〇人へのアンケート調査の結果を当てていくクイズ番組だったが、韓国でも同じ番組名および内容で、一九八〇年代初頭に制作・放送されていた。

実は、『クイズ一〇〇人に聞きました』は、現在もアメリカで放送されている『Family Feud』の日本版であり、TBSがアメリカの制作会社と契約し、制作していたもので、いわばフォーマット販売のはしりのような番組である。英語版のWikipediaを見ると、「International Versions of Family Feud」という項目があり、日本をはじめ、現地版が作られた五〇か国のデータが掲載されている。しかし、そこに韓国の名はない。アメリカのオリジナル版か、日本版か、あるいは、それ以外の国のものかはわからないが、当時の韓国の慣行から見て、外国で放送されていたものを剽窃したのではないかという指摘がなされている（裵 二〇〇九）。

パクリが広まった九〇年代

韓国放送界で日本の番組のパクリが広まり始めたのは、一九九一年に民間放送局であるSBSが放送を開始してからという見方が一般的だ。第一章に記したように、SBSの登場は、それまで公営放送しか存在しなかった韓国の放送産業を大きく変えた。高視聴率を目指す中で、良い番組よりも面白い番組が求められる傾向が強くなり、日本の娯楽番組をパクることが増えていった。

実際、一九九三年一〇月に韓国放送開発院が調査したところ、クイズやゲーム関連の一二番組中、七番組が日本の番組のパクリだった（ユ 一九九七）。例えば、SBSの『人並みの暮らしを手に入れようクイズ』とMBCの『挑戦 推理特急』は、当時の日本の人気番組だった『一〇〇万円クイズハンター』（テレビ朝日）と『マジカル頭脳パワー!!』（日本テレビ）の盗作で、セット、司会者の動作、問題出題のパターンなど、形式・内容ともに非常に似ていた。

一九九九年には、SBSが日曜日夜七時から放送していた人気バラエティ番組『スーパーステーション』の「懸賞手配」というコーナー企画が、フジテレビの『走れ!! しあわせ建設』の「逃亡者」というコーナー企画を剽窃していることが世間を騒がせた。どちらのコーナーも、変装したタレントがある地域を訪ね、指令を受けた任務を行い、市民がそのタレントを発見すれば検挙するというものだった。

SBSの制作スタッフは、ソウル警察の刑事のアイディアで作ったコーナーであるとパクリを否定したが、『走れ‼　しあわせ建設』とは企画のコンセプトが酷似しているだけでなく、タレントが公共交通を利用したり、一時的に避難するセーフティ・ゾーンが設定されている点や、市民が検挙する際のキーワードや懸賞金支給など、ディテールもそっくりで、また、放送時の映像処理や画面構成も書き写しに近いと批判された。放送番組を監督する放送委員会は、調査の結果、『スーパーステーション』による剽窃であると判断し、視聴者に対して謝罪公告文を発表するよう命令を下した。

また、一九九七年頃からは、バラエティ番組だけでなく、ドラマにもパクリは飛び火している。一九九九年の人気ドラマ『青春』（MBC）は、その二年前に日本でフジテレビが放送した木村拓哉主演のドラマ『ラブジェネレーション』と、登場人物や話の筋はもちろん演出まで似ていた。このことが明るみになったのは、前章で記したようなPC通信の掲示板に、『青春』の盗作疑惑が書き込まれたことがきっかけだった。

書き込みに対してMBCは当初、無視を決め込んでいたが、その後、ある視聴者が『ラブジェネレーション』のコピー・テープを新聞社と放送委員会に提出し、告発したことで、事態は急変した。作家と演出者が剽窃を認め、MBCは『青春』を早期に打ち切り、視聴者へ謝罪、そして作家は放送作家協会から除名された。

一九九九年までの数年間、新聞などで日本の番組の盗作と疑われた番組は、三〇本以上に上っていた。盗作に関する疑義が生じれば、放送委員会はオリジナルである日本の番組のテープを見て審議することがあるが、そういった事例も一九九九年までに一〇件以上に上っていた。事態を重く見始めた放送委員会は、日本に居住し、テレビ番組をモニタリングする現地要員を採用し、対応に当たった。

終わらないパクリと日本側の抗議

ここまで見たように、韓国のテレビ業界では、一九九〇年代を通して日本のテレビ番組の剽窃・盗作が横行し、習慣化していった。しかし、このような事態を新聞や世論が問題視し、また、実際に上記のような懲戒処分が行われても、その後パクリが止んだわけではない。そして、それまでは静観している感があった日本のテレビ局も対応に乗り出していくことになる。

恐らく、韓国のテレビ局の盗作に対して、日本のテレビ局が行った正式な抗議は、一九九八年にTBSがSBSに対して文書を送ったのが最初だろう。TBSの『しあわせ家族計画』は、父親が一週間、ある課題に取り組み、その課題を本番で達成できたら、家族が欲しがっていた高額商品などが贈られるという企画の番組だが、それとよく似た番組をSBSが『特命！　パパの挑戦』という番組名で放送していた。盗作が騒がれた『特命！　パパの挑戦』は一九九九年にいったん放送終了したものの、後に復活し、二〇〇五年まで放送された。

二〇〇三年秋には新番組の『TV奨学会』（SBS）と『スポンジ』（KBS2）が、フジテレビの『トリビアの泉』に非常に似ていると騒がれた。『トリビアの泉』は、視聴者が番組に投稿した雑学や豆知識（トリビア）を紹介するバラエティ番組で、二〇〇三年当時、非常に人気の高かった番組である。一つの番組が同時に二番組に真似され、しかも、それらの番組が二〇〇三年一一月七日・八日と、二日連続して放送を開始しているのは珍しい。

放送開始直後に、両番組の掲示板には『トリビアの泉』の盗作であるという抗議と非難が溢れた。『スポンジ』の場合、使用者から番組に寄せられたトリビアをVTRで紹介する番組コンセプトや、審査員がそのトリビアの興味深さを品評し、高評価のトリビアを投稿した視聴者には現金が贈られる点、また、VTRのナレーションの感じなど、様々な点が酷似していると指摘され、放送開始から三日経った一一月一一日の時点で、三〇〇件以上の苦情がホームページに寄せられた。

韓国で騒ぎになっていることを知ったフジテレビは、SBSとKBSに対して公式に質問状を送ったが、両局とも類似は偶然の一致に過ぎないと盗作を否定した。当初は法的対応も辞さない構えを見せたフジテレビだが、結局、具体的な行動は起こさなかった。『スポンジ』は、その後二〇〇七年秋に『スポンジ2・0』とタイトルを変更し、フォーマットも一新させたが、二〇〇九年にはテレビ朝日のバラエティ番組『お試しかっ！』のタイトル映像を盗作した疑惑が浮上している。

これまで見たように、盗作疑惑が視聴者から巻き起こり、また、日本のテレビ局が真相解明を促しても、韓国のテレビ局は否定するというパターンが多いのだが、中にはパクリを認めたケースもある。

近年では、二〇〇九年七月にSBSが『驚くべき大会・スターキング』で取り上げた「三分出勤法」という企画が、同年三月に日本でTBSが放送した番組『時短生活ガイドSHOW』の中の「五分で朝の準備をするテクニック12連発」をそっくり真似たものだった。視聴者からの指摘を受けたSBSは社内調査した結果、盗作であることを認め、担当のプロデューサーを更迭し、ホームページに謝罪文を掲載した。『スターキング』の場合、スタッフが出演者にTBSの映像を見せ、練習させた後、放送に出演させていたというから、否定のしようがない。

また、同じ二〇〇九年八月には、教育番組専門局のEBSまでが盗作騒動を巻き起こした。『科学実験サイフォン』という番組で行われた実験が、日本テレビで二〇〇八年に放送された特別番組『驚きの嵐！　世紀の実験　学者も予測不可能SP』で放送された実験をパクったものだった。この盗作は、『驚きの嵐』の司会を務め、韓国でも人気があるアイドルグループ「嵐」のファンが疑惑を提議したことから騒ぎが広まった。EBSは盗作を認め、番組を制作したプロダクションとの契約を打ち切った。しかし、教育放送局が剽窃を行ったこと、前述の『スターキング』から立て続けに盗作が明るみに出たことなど、韓国の視聴者に大きな衝撃を与えた。

パクリ番組と著作権

ここまで、韓国の番組による盗作のうち、特に大きく騒がれたものだけを挙げたが、これらはほんの氷山の一角で、剽窃・盗作の疑いの眼を向けられた番組は数多く存在する。しかし、日本のテレビ局が著作権侵害で提訴した例はない。そもそも、パクリ番組は著作権侵害に該当するのだろうか。

前章に記したとおり、著作物として保護されるためには、創作的な表現であることが必要になるが、この場合の「表現」とは、頭の中にあるアイディアを具体化することである。逆に、具体的な表現としての形を取る以前のアイディア自体は著作物ではないということになる。

アイディアは著作物ではないので、それを発想した人が独占することはできず、他者も自由に使用できる。著作権法には、「アイディア自由の原則」という基本的な考え方があり、良いアイディアは広く人々に開放され、どんどん利用・再生産されるべきというのが理念になっている。しかし一方で、先述の通り、あるアイディアを具体的に表現したものは著作物となる。そこで、著作権法の保護の対象となるかどうかを検討する上では、「アイディア」と「表現」を明確に区分することが重要になってくる。

問題は、アイディアを借りたものなのか、表現を借りたものなのか、区分が難しいケースが多々あることだ。テーマやコンセプトが同じというのであれば、単にアイディアが似ているだけである。また、名前や基本設定も著作物ではないとされる。一方、具体的なストーリーやプロット、コメント、映像や演出方法、セットが同じであれば、表現を借りていることになる。

ここで韓国のテレビ局の見解を見てみよう。週刊誌『ＡＥＲＡ』一九九九年一二月六日号の韓国でのパクリ番組に関する特集では、何人かの韓国の番組担当者の声が紹介されている。ＳＢＳのドラマのプロデューサーは、「明らかにパクリと判断がつくモノを創ってはいけないが、この世に新しいものなど存在しないのだから、多少真似るのは致し方ない」と述べ、また、ＭＢＣのバラエティ番組のチーフプロデューサーは、「長所は汲み取れば良いわけだから、日本の番組で気に入ったものがあれば、参考の材料にしてもいいのではないか」と話している。つまり、日本の番組のアイディアを借りた上で、韓国風に修正するような演出をすれば、特に問題はないという考え方である。

実は、韓国の放送審議に関する規定第二三条には、「放送は国内外の他の作品を盗作してはならない」、「放送が国内外の他の作品を模倣する場合には、創意性が加味されて、新しい創作物と評価できる場合に限り、正当化される」と定められている。しかし、事実上、盗作かどうかを判断できる明確な基準がないことで、このような規定は骨抜きにされていると思われる。

韓国のテレビ局も、そのような基準の曖昧さを逆手に取り、多くの場合、「アイディアを参考にしただけで、盗作ではない」と繰り返すのみである。実際問題として、番組の基本アイディアを参考にしているだけであったり、そこから番組作りのヒントを得ただけであれば、著作権侵害には当たらないし、それを罰することもできない。しかし、「参考にする」が「真似ること」につながり、さらには剽窃・盗作につながる可能性を秘めていることは否定できないだろう。『トリビアの泉』の盗作が騒がれた『スポンジ』の場合、演出担当者は、あくまで『トリビアの泉』を参考にしてはいないという態度を示している。雑学を扱う番組はありふれているし、そのような番組は、日本で『トリビアの泉』が放送される以前にも存在しており、韓国でも、『面白い雑学常識』や『確認　ベールをはがせ』といった番組が一九九〇年代末に放送されていたと主張している。確かに、『トリビアの泉』とよく似た番組が同時に二つも始まったことが偶然だとすると、『トリビアの泉』の企画自体はありふれたものと考えられなくもない。

さらに、件の演出担当者は、「情報を提示した後、それを字幕やナレーションを含む再現映像と実験を通して検証する技法も、バラエティ番組では普遍的なものだ」と述べ、いくつか似た点が見られる番組を取り上げて剽窃・盗作だとするならば、ほとんどの番組がそれに該当してしまうと苦言を呈している。

なぜ日本の番組を真似るのか

パクリ番組と名指しで批判された番組が本当に剽窃や盗作に当たるのかどうかは、判断が難しい面がある。しかし、盗作とは言えないまでも、韓国のバラエティ番組に、日本のバラエティ番組を参考にして、また、模倣して作られているモノが多いことは間違いないだろう。では、なぜ真似ることが一般化しているのかを考えてみたい。

実は韓国には、テレビ番組のみならず、非常に多くの「日本製品とそっくりな製品」が溢れている。日本のメディアでもよく取り上げられるが、韓国では、製品のネーミングから車のデザイン、菓子のパッケージまで、日本製品をそっくりに真似たものが作られてきた。これらは、知的財産権の中でも、商標権や意匠権（デザイン保護）といった産業財産権の侵害にあたるものであり、実際に訴訟が起きている。

好意的に解釈すれば、韓国の企業が行っていることは「ベンチマーキング」である。彼らは、それぞれの関連産業において、世界で最も優れた方法を実行している企業から、その実践方法を学び、自社に適した形で導入しているわけであり、多くの場合、彼らにとっての学び先は日本企業だったということである。文化的に近い隣国・日本が経済大国として様々な高品質製品を生み出しているのだから、そこから学ぼうとするのは理解できる。しかし一方で、反日思想が根強い韓国で、日本製品を真似ることに関して企業側や消費者側に抵抗はないのだろうか。

興味深いことに、二〇〇七年の中央日報の外国に対するイメージ調査では、日本は「最も嫌いな国」に選ばれると同時に、「最も模範とすべき国」にも選ばれている。一体どのような点において模範と考えられているのかは不明だが、日本は「見習うべき、手本のような国」と捉えられているのだろう。韓国社会に関して数多くの著書を持つ呉善花は、韓国人が戦後、反日感情とは別に日本のモノづくりを高く評価しており、日本製品のコピーに明け暮れてきたと述べている（井沢、呉 二〇〇六）。その結果、何でもかんでも日本の模倣が当たり前になってしまった。

テレビ番組のパクリに話を戻すと、一九九四年に出版された韓国社会を取り上げた本（徳留一九九四）に、SBSの番組構成が日本の民放のそれと酷似している点が記されている。そしてその理由として、『週刊TVジャーナル』という韓国のテレビ情報誌の編集部長の「テレビに関して言えば、制作や技法、番組の洗練度など、どれをとっても日本が優れているので、模倣から始めるのはやむを得ない。それに、日本人と韓国人は感覚が似ているので、日本でヒットしたものは韓国でも受け入れられやすい」という意見を取り上げている。

また、先述の『AERA』の一九九九年の特集でも、欧米の番組に比べて、文化面で韓国と似ている日本の番組は韓国の視聴者の情緒に合いやすい点、そして、日本はテレビ番組の制作システムやノウハウが発達している点が、韓国が日本のテレビ番組を参考にする理由として挙げられている。

韓国では一九八〇年代半ばまで表現の自由が抑圧されていた。キム・ヒョンミ（二〇〇四）は、そのような状況下では独創的な大衆文化は育たず、逆に、大衆文化は模倣によってしか、その命脈を維持できなかったと述べる。そして、既に何度も繰り返してきたように、模倣すべき対象は日本の大衆文化製品だったというわけだ。

実際、なぜ韓国の制作者が日本の番組を模倣するのかを論じた学術論文でも、一九九〇年代に入るまで韓国側に娯楽番組を制作するノウハウが蓄積されておらず、それを補う上で、日本の番組の型破りなアイディアや演出方法を積極的に受け入れたことが述べられている（金廷恩 二〇〇六)。そこでは、インタビューした四〇人の韓国人テレビ制作者のうち、実に三九人が、日本の番組が韓国の番組制作に多大な影響を与えたと認めている。

しかし、韓国の番組制作者が日本の番組を真似る理由は、それだけではないだろう。テレビ番組を含む大衆文化製品に関しては、第二章に記したように、それらが韓国で長い間、規制対象となっていたことが、模倣が広まる土壌を育んできたと考えられる。

一昔前であれば、オリジナルであり、ネタ元である大衆文化製品が日本に存在することは、それらが韓国に入って来ない以上、圧倒的多数の韓国人に知られることはなかった。つまり、パクリがパクリとして認識されにくい状態が長く続いていたのである。韓国のある映像関連企業に勤務する実務家は、二〇〇四年のNewsweek誌の取材に対して、「韓国の人気番組の多くが日本の番組のコピーであるのに、韓国の視聴者はそれらを韓国独自のものだと思っている。もしも本当のことがわかれば大変なことになる」と警告を鳴らしている。

また、日本の大衆文化製品の正規版は韓国では販売されないものなので、韓国側がパクっても、日本側が直接、経済的被害を受ける可能性は低いという判断も働いていたとも考えられる。いずれにせよ、日本の大衆文化製品に対する規制を隠れ蓑にして、韓国の制作者の間に模倣という風潮が広まっていったのである。

実際、テレビ番組以外の大衆文化製品でも模倣の例は数限りない。一九六〇年代、日本で話題を呼んだ映画は、その脚本が『キネマ旬報』などに載ると、韓国の映画関係者が航空便で取り寄せ、脚本家に見せ、細部までを盗用した作品が製作されていた。同様に、歌謡曲やマンガなども、わずかに設定を変えるだけで、純粋な韓国製として売りだされていた。四方田（二〇〇一）は、公には輸入が禁じられていた日本の大衆文化製品を密かに持ち込み、日本側に無断で模倣品を生産することに韓国人は血道をあげてきたと指摘している。韓国における日本大衆文化の模倣が、いかに根深いものかがうかがえる。

番組のアイディアを真似ることとは、その是非はともかく、現実には日本でも韓国でもテレビ界で日常的に行われていることだ。新番組が「かつてない番組」などという謳い文句を掲げていても、実際は既存の番組の何かを参考にし、吸収しながら、誕生することが多いだろう。しかし、それが大きな問題にならないのは、独自の演出方法や表現方法が施されて、ネタ元の存在が気にならないように新しい作品が制作されているからである。アイディアの模倣を賛美・推奨するつもりはないが、そこを出発点として、オリジナリティがあるものに作り替えていけば、つまり換骨奪胎であれば、それほど問題にはならないのではないか。

しかし、韓国で盗作疑惑が向けられた番組に共通するのは、参考や真似の程度が度を超えており、ただのパクリになってしまっている点である。独自の演出や表現はプロの番組制作者として腕の見せどころのはずなのだが、そのような能力がないのか、素人の視聴者の眼にも明らかな盗作を侵してしまっている。

そこには、他にないような斬新な番組を生み出そうとするクリエイティビティは見当たらない。

逆に、既存のテレビ番組に終始目を光らせ、頂けるアイディアがあればちゃっかり頂こうという姿勢は、常識的に考えて、放送業界の慣行に反するものであろうし、放送人としてのプロ意識や職業倫理が欠如していると言わざるを得ない。

日本のテレビ局のパクリへの所見

それでは、パクられる側の日本のテレビ局は、韓国の番組による剽窃・盗作をどのように考えているのだろうか。一九九〇年代であれば、韓国のテレビ番組による盗作が話題になっても、韓国は番組制作レベルや著作権意識が低いから仕方がないと、一笑に付されることが多かったように思われる。それを問題にしたところで、自分たちは韓国に番組を売れないのだから、あまり意味がないと考える向きもあっただろう。

しかし、先に記したように、かつては静観していた日本のテレビ局も、二〇〇〇年前後から韓国のテレビ局に対して盗作に関する質問状を送ったり、抗議するようになってきている。また、あるテレビ局が訴訟までも念頭に置いて、韓国のテレビ局と数年間にわたって、水面下で協議してきた例もある。盗作疑惑に対しては、韓国の視聴者同様、日本のテレビ局の反応も明らかに厳しくなってきている。

ある日本のテレビ局員は、日本のバラエティ番組のパクリは東アジア圏では割とよく見られるが、その中でも韓国が一番ひどく、韓国のバラエティ番組は独自性や創造性が極めて貧弱だと話す。また、他のテレビ局の番組販売担当者は、日本で人気があるバラエティ番組と似たようなものは、韓国のどこかのテレビ局で放映されていると指摘し、そこには「パクリ文化」が存在すると述べる。

さらに、ある実務家は、以前は韓国のテレビ局に著作権の認識が欠如しており、やってはいけないとわからずに盗作していたという意味では、まだ情状酌量の余地があったが、著作権に関する知識を身につけた今日では、法的な問題に抵触しない範囲で巧妙にパクリをやることが増えたようだと話す。日本の二種類の番組の良いところだけを抽出し、混ぜ合わせたような番組も存在するという。

以前と比べ、日本の番組と全く同じように制作・放送するような露骨なパクリは減ったが、「アイディアを借用しただけ」という釈明が通用しそうな程度の模倣は、今でも韓国で盛んに行われている。そういった行為は、知的財産権保護の観点から見れば問題はないのかもしれないが、国際的な商慣習に反するように思える。

韓国人視聴者のパクリへの反応

次に、日本のテレビ番組をパクる風潮が韓国社会でどのように捉えられているのかを見てみたい。

今日、日本でも韓国でも、テレビ番組の内容に関する議論はインターネット上から巻き起こることが多い。一九九〇年代までは、テレビ番組に対する批判を世に問うとしても、一般視聴者には新聞や雑誌の読者コーナーに投稿するくらいしか方法はなかった。しかしその後、インターネットという、誰もが情報発信者になれるメディアの登場によって状況は一変した。掲示板などの書き込みには、やらせ疑惑から差別的内容、情報の偏り、公共性の欠如まで、テレビ番組批判が数多く見られる。実際、韓国で日本の番組のパクリが大きく社会問題化したのは、インターネットの普及と、ほぼ期を同じくしている。

日本のテレビ番組の剽窃・盗作や模倣に対する疑念の多くは、「ネチズン（network citizen の略語）」と称される韓国のネットユーザーたちが、インターネット上で提起し始めることが多い。先述の『トリビアの泉』の場合、似ていた二番組の掲示板に抗議と非難の書き込みが溢れたことが、盗作騒動の発端となっている。また、日本の番組の企画「五分で朝の準備をするテクニック12連発」を盗作したSBSの番組の場合、放送終了後から、人気のポータルサイト・ダウムが運営する投稿サイト「アゴラ」に番組廃止の請願が出され、署名運動が始められている。そこに寄せられた意見を見ると、「国民を欺いた放送をするとは信じられない」、「この事件は犯罪レベル」と非難轟々だった。

インターネット上で火が点いた盗作騒ぎは、その後、新聞や雑誌などの活字メディアが取り上げることで拡大することが常だ。確かに、韓国の新聞は国内番組の剽窃・盗作問題をきちんと取り上げているし、論調も非常に厳しく、番組制作者の弁解も紹介はしているが、擁護するようなものはあまり見当たらない。

まとめると、韓国のテレビ番組制作者の中に、倫理意識が欠け、模倣や盗作に関する感覚が麻痺している人間がいることは疑いなさそうだが、そのことに対して憤りを感じている良識的な一般市民は多いし、現実に、韓国社会における剽窃・模倣への眼は明らかに厳しくなっている。視聴者と番組制作者の間で盗作疑惑提起と弁解がいつまでも繰り返されることに対して、うんざりしているようでもある。

ただ、面白いと思うのは、盗作に目を光らせるネチズンらは、インターネット上に流通する違法動画ファイルを見て、パクリのネタ元になっている日本のテレビ番組を知っている可能性が高いという点である。そして、彼らの多くは、自分たちが視聴する動画ファイルの違法性は知っているはずである。そうだとすれば、彼らは著作権を無視した動画アップロードの恩恵にあずかりながら、その一方で韓国テレビ局の剽窃・盗作といった著作権違反を糾弾していることにある。

ダウンタウンが出演する『ガキの使いやあらへんで』は、二〇年以上も続く人気バラエティ番組である。韓国では正規に放送されていないが、インターネットの動画サイトなどには『ガキの使い〜』の違法ファイルが多く見られる。実は、『ガキの使い〜』は、SBS E!TVの『巨星ショー』やコメディTVの『呆れたお出かけ』など、これまで複数の韓国の番組が盗作の疑いを向けられてきた番組でもある。

二〇〇七年四月には、MBCの人気バラエティ番組『無限挑戦』に『ガキの使い〜』の盗作批判が向けられた。盗作を主張したネチズンは、インターネットの掲示板に両番組のキャプチャー画像を載せ、項目別に類似点を指摘した。人気番組による盗作疑惑だけに、インターネット上での論争は盛り上がりを見せた。多くが「他の番組と違い、独創的な『無限挑戦』の盗作疑惑には失望した」という意見だったが、「これまで長く放送されてきた『無限挑戦』のごく一部の場面が似ていたからといって、盗作と決めつけるのは無理がある」という声も相当数寄せられた。制作者側は当然のように盗作を否認した。

第四章で紹介したフォーカスグループに参加した大学生で、『ガキの使い～』のファンだというS君に意見を聞いた。S君は『無限挑戦』も熱心に見ていたが、『ガキの使い～』と雰囲気や企画が似ていることがしばしばあることに気づいたと言う。しかし漠然と、『無限挑戦』は『ガキの使い～』の影響を受けているだけだと思っていた。あらためて現在の考えを質したところ、「盗作は避けるべきだ。しかし、利己的に聞こえるかもしれないが、面白いものは真似することもあり得るのでは」と話してくれた。

実は、フォーカスグループに参加した他の学生からも似たような意見が出た。剽窃や盗作は間違っているし、恥ずかしいことだという認識は一致していたのだが、その一方で、良いことや優れていることを真似ることは当然だという声が聞かれた。

フォーマット販売とは何か

さて、パクリに対する抑止となりうる新しい動向を一つ紹介する。既存の番組を海外市場に輸出する従来の番組販売方式に代わって、今日、テレビ番組の国際ビジネスにおいて注目を浴びているのが、「フォーマット販売」である。フォーマット販売とは、ある番組のコンセプトや構成、演出方法などをパッケージ化し、一つの権利（フォーマット権）として海外市場の番組制作者に販売するもので、特に、企画に普遍性があるクイズ番組やリアリティ・ショーでよく見られる。

世界的に有名なフォーマット販売の代表作としては、イギリスの番組プロダクションが開発した『Who Wants to Be a Millionaire?』が挙げられる。これは世界の約七〇か国へフォーマット販売され、各国版が制作された。国ごとに多少の違いは見られるものの、番組の進行やスタジオセット、音楽、照明、コンピューターシステムに至るまで、概ね世界的に統一されている。日本ではフジテレビがフォーマットを購入し、『Who Wants to Be a Millionaire?』の日本版である『クイズ$ミリオネア』を二〇〇〇年から二〇〇七年にかけて制作・放送していた。筆者は日本版とアメリカ版を見たことがあるが、確かに全体の雰囲気は非常に似ていた。

実は、フォーマット販売には、番組の企画や演出方法、進行から出演者の決まり文句、セット、照明、撮影方法、カット割り、編集方法などまで、様々な項目を細かく規定した「バイブル」と呼ばれる仕様書が存在する。いわば、料理におけるレシピのようなものであり、それに基づいて各国版が制作されるのだから、どの国で作られても似たようなものが出来上がることは当然である。また、場合によっては、オリジナル版の制作スタッフが購入先へ向かい、直接、現地版制作の手助けをする場合もある。この点が、ドラマなどに見られる「リメイク」との大きな違いになる。

フォーマット販売は、買う側と売る側の双方にとって利点がある。まず、購入する側は、自国タレントや現地人などを登場させて、現地スタッフが番組を作るので、外国製番組に特有の文化や言葉の違いを解消することができる。また、どこか他の国で成功した実績のある番組企画であれば信頼もできる。

一方、フォーマット権を販売する側にしてみれば、模倣番組や海賊版の抑制につながる。好意的に解釈すれば、以前は正式に契約する方法がわからないため、企画を盗作・剽窃したケースも多かったと考えられる。また、フォーマットを利用した番組が制作・放送され続ける限り、販売側にはフォーマット使用料（契約にもよるが、放送一回分制作費の五〜一五％）が支払われるが、コストはほとんどかからないので、販売側にとっては売上＝利益になることも大きい。

近年は、どの国の番組制作産業も企画不足に悩んでおり、フォーマット販売に対しては、新しいコンテンツビジネスとして世界レベルで注目が高まりつつある。国際貿易促進協会のフォーマット認識・保護協会（ＦＲＡＰＡ）によると、フォーマット販売の世界市場は二〇〇六年から二〇〇八年の二年間で約一兆二〇〇〇億円の規模であり、二〇〇二年から二〇〇四年までの二年間と比べると、ほぼ倍近い伸びを見せた。

バラエティ番組が諸外国から高い評価を受ける日本のテレビ局も、積極的に海外市場へフォーマット販売を行っている。たとえばTBSの場合、『風雲！　たけし城』（一九八六年～一九八九年放送）は一一〇か国に、そして、一九九七年から今日まで続く特別番組『SASUKE』は一二〇か国に、それぞれ番組フォーマットが販売され、二〇〇六年から二〇〇八年までの二年間では、計二九本の番組フォーマットが海外市場に販売された。

また、番組内のコーナーがばら売りされることもあり、TBSの『加トちゃんケンちゃんごきげんテレビ』（一九八六年～一九九二年放送）内の「面白ビデオコーナー」という投稿ビデオを紹介する企画は、約八〇か国へ販売され、視聴者投稿ビデオ番組が世界中で流行するきっかけとなった。販売先の一つであるアメリカABCでは今日でも放送が続いており、同局の最長寿番組にもなっているが、現在もTBSに使用料が払われている。

目下のところ、海外のテレビ局や番組制作会社からの需要に後押しされ、日本のテレビ局はフォーマット販売に力を入れ始めているのだが、各局におけるフォーマット販売の規模はまだ小さい。そもそも、フォーマット販売は単価が安い場合も多く、一契約で数万～数十万円程度のこともある。

韓国にフォーマット販売は通用するか

実は、韓国で盗作騒ぎが起きた『しあわせ家族計画』は、国際的なフェスティバルで受賞経験がある番組で、TBSは約四〇か国へフォーマットを売った。また、同じく盗作が騒がれた『トリビアの泉』にしても、台湾やタイへフォーマット販売され、それぞれの国で現地版が制作された。当然、韓国のテレビ局も、これらの番組のフォーマットを購入するという手段はあったはずだが、そのような選択は行われなかった。これまでの間、韓国にフォーマット販売は馴染まないものと考えられていたようなところがある。

フォーマット販売が成立するか否かは、フォーマット権を買い手がきちんと認識し、きちんと対価を支払うことができるかにかかっている。フォーマット販売は、番組に含まれる様々な要素をパッケージにして販売するものである。通常、番組の構成や演出には非常に多くの労力と時間が費やされているので、それがフォーマットという形で商取引の対象とされることは合理性がある。

しかし、フォーマット権といっても、法的に保護されているわけではない。買い手にしてみれば、無断で模倣・盗作すれば無料であるものに対して、正規に契約して対価を払うわけであり、契約に応じるかどうかはフォーマット販売に対する認識によっても左右されるだろう。各国のテレビ業界団体などが、世界知的所有権機関（WIPO）にフォーマット販売の基準作りを要望しているが、国際的に統一された取り決めや基準はない。

前章に記した海賊版や違法動画ファイルでもわかるとおり、韓国は著作権意識が高い国ではなかった。しかし近年になり、著作権意識が高まりつつあり、それとともに韓国のテレビ局はフォーマット購入を考慮するようになりつつある。

実際、ＳＢＳプラス編成チームの海外番組購入担当者は、日本のバラエティ番組のフォーマット販売に大きな期待を寄せる。かつては番組アイディアの盗用があったが、最近は韓国側の意識が変わってきており、また、パクリが表面化すれば、テレビ局のイメージが悪くなることもあり、正規のフォーマット契約をするようになってきているという。さらに、日本ですでに制作され、成功している番組であれば、そのフォーマットを購入することはリスク回避の面からも有効であり、フォーマット購入費は決して高くないと話す。

日本のテレビ番組の模倣や剽窃・盗作が何度も指摘されてきた韓国のテレビ番組だが、フォーマット販売が一般化すれば、これまでのような無断のパクリから正規の販売契約へと、大きな方向転換を遂げることになる。日本のテレビ局側にしてみれば当然歓迎すべき話なのだろうが、そこには新たな問題が潜んでいる。

二〇〇七年四月、日本テレビの人気番組『行列のできる法律相談所』は、番組内で韓国ＳＢＳが『ソロモンの選択』という、全体的な形式から弁護士の出演、セット、字幕まで、全くそっくりな番組を制作・放送していることを指摘した。これを受けて、ＳＢＳは早速、番組のＨＰで釈明を行った。それによると、二〇〇二年の放送開始以来、ＳＢＳは日本テレビとフォーマット契約を結ぶべく交渉してきたが、コミュニケーションが円滑に進まず、二〇〇七年に至るまで契約は結べていないとのことだった。そして、交渉途中であるのに、『行列のできる法律相談所』がこのような内容を放送するのは適切ではないと、日本テレビに抗議したという。結局、日本テレビがSBSへフォーマット権を販売するという形で事態は収まった。

しかし、SBSの弁明は釈然としない。そもそも、フォーマット契約に二〇〇二年から五年もかかっていること自体が納得しがたい話である。しかも、結局は許諾を受けずに制作・放送しているわけであり、インターネット上では当然、韓国視聴者から「契約が成り立つ前に放送するということは、無断使用に他ならない」という非難の声が巻き起こった。

この『ソロモンの選択』の件から推測されるのは、韓国のテレビ局はフォーマット販売をきちんと理解していないのではないかということである。当然ながら、フォーマット販売は契約締結が前提となる。『ソロモンの選択』もそうだが、契約の時点ですでに放送が始まっているのは、順序が逆である。こういった事例は他にもあり、韓国側が放送前になって慌てて契約を求めてくることもあるという。

さらに、韓国のテレビ局はフォーマット権購入に関して、より深刻な誤りをしている場合がある。実は、フォーマット販売とは、ただ権利者からライセンスを受けるだけのことではなく、そこには監修が常に付随してくる。バイブルと呼ばれる仕様書やオリジナル版制作スタッフによる指導について記したが、フォーマットを買うことと監修を受けることは、セットになっているのである。

つまり、権利を受けた側は、好き勝手に作り替えて良いのではなく、あくまでオリジナル版を踏襲する必要があり、もしも現地版で修正を加える場合は、販売者との協議が必要になる。ところが、複数の日本のテレビ局の番組フォーマット販売担当者が、韓国のテレビ局はたとえ正式にフォーマットを購入しても監修は受けたがらないという。つまり、フォーマット権だけを欲しがり、購入したら、日本側は制作に関与するなということだ。ある実務家は、「韓国のテレビ局は、刺されないようにライセンスというお墨付きだけ欲しがり、後のことは自分たちに任せろということが何度もあった」と話した。自らの制作・演出能力に対する自信の表れなのだろうが、フォーマット販売のルールに違反している。

一方で、韓国のテレビ局は、海外市場に向けて自分たちもフォーマット販売に乗り出している。筆者が驚いたのは、日本の番組のパクリとされたKBSの『スポンジ』やMBCの『無限挑戦』もフォーマット販売が進んでいるという新聞報道である。もちろん、KBSもMBCもパクリ疑惑は否定しているし、両番組に関しては本当に剽窃に当たるものなのか真偽は定かではない。しかし、もしパクッた番組のフォーマットを第三国に販売しているとすれば、それは道義上の問題である。ある日本のテレビ局の実務家は、「フォーマットをパクったうえに、そのフォーマットを自分たちの権利として、他国に販売するのは二重のルール違反だ。迷惑している」と語った。

韓国のテレビ局の間でフォーマット権の購入という考え方が広まってきたことは、ひとまず肯定的に評価すべきである。たとえ正規の販売契約に応じる理由が、「パクリはいけない」という倫理観からではなく、「後になって騒ぎになると面倒だから」というものであっても、これまで長年問題になってきた日本の番組の剽窃・盗作が減りつつあることは、大きな変化と考えて良い。しかし、本章で見たとおり、フォーマット販売のルールを本当に理解しているのか疑わしいケースも散見され、周知徹底にはもう少し時間がかかりそうである。

第七章　アニメ番組——日本色の消去

本章では、これまでの章で主に論じてきたドラマやバラエティ番組から離れ、日本のアニメ番組の韓国での流通を中心に考察したい。日本初のテレビアニメ『鉄腕アトム』がアメリカに輸出され、『Astro Boy』というタイトルで話題を呼んだのは、今から約五〇年も前の一九六三年秋のことである。それ以降、無数のアニメ作品が海を渡って行った。日本のテレビ番組のジャンルの中で、世界各国で最もよく知られているのは、間違いなくアニメだろう。

現在では、世界で放送されるアニメーション番組の約六〇％が日本製と言われ、劇場用長編アニメーション作品も、スタジオジブリの一連の作品をはじめ、日本の作品は海外で高い評価を得ている。今日、アニメーションは日本大衆文化の代表的存在であり、元来アニメーションの日本式略称だった「アニメ（Anime）」は世界共通語になっている。また、世界六八か国で放送された『ポケット・モンスター』のキャラクター商品の海外での売上が二兆円に達したように、関連商品による経済効果も大きいことから、アニメは日本が国を挙げて取り組むコンテンツ産業振興の中心でもある。

一般に、アニメーション番組は国際流通に適した番組ジャンルと言える。SFやファンタジー、童話など、普遍的なテーマを扱った作品は、たとえ外国製であっても、多くの視聴者にとって内容を理解することはそれほど難しいことではない。加えて、アニメーション番組は容易に現地語に吹き替えられるため、視聴者はその番組が外国製であることに気づかず、あくまで自国で作られたように感じることもある。この点は、実写のテレビ番組、例えばドラマとは大きく異なる点である。

もちろん、アニメーションであっても、第四章で述べた文化的近似性によって、視聴者の理解や受容が左右される作品もある。筆者は以前、台湾のアニメ専門チャンネルであるカートゥーンネットワーク台湾でインタビューを行った際、主な視聴者である台湾の子供たちは、日本のアニメ作品に登場する「温泉」は台湾にも存在するため違和感を覚えないが、アメリカの作品に登場する「ハロウィン」は、それが何であるかを知らず、理解できないという話を聞いた。

確かに、『サザエさん』と『ポケット・モンスター』を比較した場合、物語の設定や登場キャラクターの性格から、明らかに後者の国際流通性の方が高いと考えられる。このような文化的要因が影響するのか、欧米諸国では特定の作品群に人気が集中する傾向にあるが、それに比べて、日本と文化的に近いアジア諸国へは、より多くの作品が輸出され、日本で流行ったアニメの多くが同様に流行る傾向がある。韓国も例外ではない。韓国が日本大衆文化を規制してきたことを考えれば、意外に思われるかもしれないが、韓国ではこれまで多くの日本のアニメ番組が放送されてきた。

規制対象外だった日本アニメ

日本大衆文化が全面的に規制されてきた韓国で、唯一の例外と言えたのがアニメ番組だった。第二章で記したように、一九六九年八月にはMBCが日本のアニメ番組を放送し始め、一九七〇年代になると日本アニメの放送は一般化していく。当時は韓国に国産アニメはほとんど存在しておらず、子供視聴者のニーズに応えるためには日本アニメの輸入に頼るしかなかった。そしてそれ以降、現在に至るまで、日本アニメは常に高い人気を集め、韓国の放送局にとって主要な番組ジャンルとなり続けている。

韓国では、一九六一年にKBSが開局してから数年間は、アニメーション番組と言えば『ミッキー・マウス』や『ポパイ』など、アメリカ製のものがほとんどだった。それが、一九七〇年代を境に、日本製が大半を占めるようになっていく。まずは『鉄腕アトム』などが、アメリカを経由して韓国に入って行った。一九七五年になると、東映アニメーションの『魔法使いサリー』と『マジンガーZ』が、日本から韓国に公式に販売された最初の作品として登場した。

一九七〇年代から八〇年代にかけて韓国で特に人気を集めたのは、日本でも有名な『鉄腕アトム』、『ジャングル大帝』、『魔法使いサリー』、『あしたのジョー』、『マジンガーZ』、『アルプスの少女ハイジ』、『フランダースの犬』、『キャンディ♥キャンディ』、『銀河鉄道999』、『赤毛のアン』『未来少年コナン』、『Dr.スランプ　アラレちゃん』などだった。現在と比べて娯楽が少なかった、その頃の韓国の子供たちにとって、夕方にテレビ放送される日本アニメは数少ない楽しみの一つだったようだ。

一九七〇年代から八〇年代に放映されたアニメ番組の中で、もう一度見たい作品を二〇代から四〇代の男女に尋ねた、地下鉄放送企業・エムチューブによる二〇〇二年のアンケート調査でも、『赤毛のアン』や『キャンディ♥キャンディ』、『未来少年コナン』、『銀河鉄道999』などが上位に選ばれている。また、大人になった今でも『魔法使いサリーちゃん』や『キャンディ♥キャンディ』の主題歌（歌詞は韓国語だが、メロディは日本のものと同じ）を歌える人は多い。

ただし、日本アニメの放送には韓国独特な問題もあった。それは、日本大衆文化を規制している手前、日本製であることを隠さなければならないということだった。どこの国で作られた作品なのか、一見わかりにくいことがアニメーションの特徴だと本章のはじめに記したが、この点を巧みに利用し、日本製であることが視聴者にわからないように、日本のアニメ番組は韓国で放送されてきたのである。

日本のアニメが放送され始めた直後の一九七〇年、それが日本製であることを、ある新聞が問題視したことがあった。放送局側の弁明は、アニメは世界共通の要素を持っているので、どこの国で作られたかは問題ではないというものだった。また、元々日本以外の国の原作であることや、内容が日本と全く関係ないということを強調した。

しかし、新聞による批判は放送局を慎重にさせ、比較的日本色が少なさそうな作品、つまり無国籍風なSFや西洋の童話などを扱った作品が選ばれるようになっていく。そのことは、先に記した、韓国で人気を集めた日本アニメの作品群からも読み取れる。実際、日本製のアニメは放送開始当初、「アメリカ製」を偽って放送されていたし、その後は韓国製であることが広く信じこまれていた。実例を挙げるなら、『フランダースの犬』(日本では一九七五年放送)は、ほぼ同時期に韓国でも放送され、絶大な人気を得ていたが、登場人物にも風景にも日本的なものが全く登場しない作品であるため、韓国の視聴者は当時、誰もそれが日本製のアニメだとは知らなかった。

また、仮に日本的な内容や描写が含まれている場合には、徹底して修正が加えられた。そもそも、アニメ作品は実写作品に比べ、内容修正が容易である。そこで、韓国では日本を連想させる部分、例えば日本語の看板や日章旗、神社、祭り、着物、下駄、畳、床の間などを、放送局が自主的な判断に基づいて削除や修正して放送することが、当たり前のように行われるようになっていった。

また、登場人物の名前も、日本人の名前は韓国人の名前に、そして舞台設定も日本から韓国へ変えられた(1)。さらに、番組のエンドテロップにも、原産国名(日本)や制作に関わった日本人名、日本のプロダクション名は一切表示されず、韓国人名や韓国のプロダクション名だけが示された。

日本製であることを隠すために行われた、これらの修正の妥当性に関しては、法的に考えた場合、以下の点を考える必要がある。実は、著作権法は「著作者人格権」を認めていて、そこには、著作者が作品の内容を勝手に書き直されない権利である「同一性保持権」、そして、作品の公表に際し、著作者名の表示・非表示を決定する権利である「氏名表示権」が含まれている。国によっては、アメリカのように著作者人格権という概念を基本的に認めていない国もあるが、韓国の著作権法では保護されている。しかし、一九七〇年代や八〇年代の韓国で、日本のアニメ番組の内容に修正が加えられ、また、著作者らの名前が削除されるにあたって、日本の著作者から許諾を得ていたのかは確かではない。

いずれにせよ、筆者と同世代の韓国人と話すと、皆一様に子供の頃に見ていたアニメが日本製だとは全く知らなかったし、そのような考えすら浮かばなかったと言う。しかし、当時の日本アニメに関する取り扱いからは、韓国の日本大衆文化規制の基準の曖昧さと説得力の欠如が窺える。国民感情や内容の低俗さを理由に日本の大衆文化を排除する一方で、未来を担う子供たち向けには日本のアニメを見せていたのだから、韓国の反日感情はいい加減なものだったという指摘もある(クォン 二〇一〇)。また、自分たちで制作可能なドラマなどの番組は輸入規制する一方で、技術的な理由から制作が難しいアニメは輸入に頼っていたとすれば、規制そのものが恣意的だったことがわかる。

韓国アニメの黎明期

ここまで見たとおり、韓国では一九六〇年代末から日本アニメが放送されてきたわけだが、自国でアニメは全く制作されていなかったのだろうか。実は、韓国のアニメ産業は、一九六〇年代後半から、日本のアニメ産業の下請けとして低賃金の労働力を供給してきた経緯がある。韓国のアニメーターたちは、日本アニメの動画や仕上げの部分を担う中で、アニメ制作のための技術力やノウハウを蓄積してきた。

韓国最初の劇場用長編アニメは、一九六七年の『ホン・ギルドン』だ。有名な史劇の主人公を描いた漫画をアニメ化した作品（カラー、六六分）であり、この年の韓国国内映画興行成績で二位になるほどの成功を収めた。ちなみに、『ホン・ギルドン』は当時、日本でも文化映画として上映されている。

その後、数本の劇場用アニメが製作された後、一九七六年にはキム・チョンギ監督による本格ロボット・アニメ『ロボットテクォンV』が公開された。観客動員は全国で二〇〇万人に達するなど、空前のヒット作となり、アメリカやフランスなどの外国市場への輸出も検討された。これを受けて、それまでに外国作品の下請けで実力を育てていた各アニメ会社をはじめ、大手の映画

（1）しかし、日本の道を自動車が走るような場面は修正のしようもなく、舞台は韓国で、右側通行のはずなのに、なぜか車は左側を通行するといった、現実にはあり得ないものになっていた。

会社までもが参入し、韓国は劇場用アニメ全盛期を迎える。

しかし、多くの作品が製作されるようになったものの、既存のキャラクターのパクリも行われるようになっていった。キム・チョンギ監督による一連のロボット・アニメは、内容自体は高い評価を受けているものも少なくないが、メカニック・デザインは盗作の物議を醸し出したものも多い。

例えば『ロボットテクォンV』も、当時日本から韓国へ輸出され、テレビ放送中だった『マジンガーZ』と、登場するロボットのデザインがそっくりと言われる。また、一九八一年公開の『惑星ロボット　サンダーA』は、タイトルが松本零士の『惑星ロボ　ダンガードA』（日本では一九七七年三月〜一九七八年三月放送）、メカニック・デザインは『機動戦士ガンダム』（日本では一九七九年四月〜一九八〇年一月放送。大ブームとなり、続編や劇場版が多数作られる）のそれに似ているし、一九八四年公開の『スペースガンダムV』は、タイトルは「ガンダム」そのままで、登場するロボットは『超時空要塞マクロス』（日本では一九八二年一〇月〜一九八三年六月放送）のものとそっくりだ。

しかし、多くの韓国人は当時、それらの作品が日本アニメのパクリであるなどとは全く想像しなかっただろう。先述のとおり、『マジンガーZ』は韓国製のアニメであることが信じられていたし、『機動戦士ガンダム』が韓国のテレビに登場したのは、日本で一九九二年に劇場公開された『機動戦士ガンダム００８３　ジオンの残光』、また、純粋なテレビシリーズとしては、一九九五年の『新機動戦記ガンダムW』と、一九九〇年代になってのことである。韓国で数々の日本のアニメが放送される中、日本で大人気だったガンダム・シリーズがなぜ放送されなかったのかは不明だが、興味深い点である。

ところで、厳密にはキャラクターの名称や基本設定は著作権の保護対象にはならない。しかし、アニメや漫画に登場するような、ビジュアル・イメージを伴うキャラクターの場合、それ自体が美術作品という著作物であり、無断使用は著作物権侵害である。また、アニメ・キャラクターにはよくあるケースだが、商標登録されているキャラクターを無断使用すると、商標法違反の問題が起きる可能性がある。

いずれにせよ、日本のオリジナル版が韓国で見られないことが、パクリにつながっていたという構図は、前章のバラエティ番組で見たものと同じである。アニメにおけるパクリは一九八〇年代の半ばまで続き、韓国アニメの質的な低下をもたらすこととなった。

一方、韓国でテレビ放送用のアニメ番組が本格的に制作されるようになるのは、一九八七年のことである。ソウル・オリンピック開催を前に、韓国の子供たちが日本やアメリカのアニメ番組に慣れ親しんでいることを懸念した政府は、韓国的情緒を盛り込んだ自国のアニメ番組を作るように放送局に促した。その結果、一九八七年に『赤ちゃん恐竜ドリー』や『さすらいのカチ』(ともにKBS)、『走れホドリ』(MBC)、一九八八年に『走れハニー』(KBS)、一九八九年に『モトル導師』(MBC)などが作られ、放送された。

『赤ちゃん恐竜ドリー』のメイン・キャラクターであるドリーは商品展開も積極的に行われ、これまでに玩具やゲーム、学用品、服、食品など、五〇〇余りのキャラクターグッズが売られている。一九八〇年代後半にこの作品に接した子供たちは現在、親世代になっているが、いまだにドリーに愛着を持っている人も少なくなく、ドリーは韓国では唯一の、親子二世代に親しまれたキャラクターとなっている。

一九八〇年代後半に作られた国産アニメ番組は、視聴者の反応は悪くなかった。しかし、制作費がかかる割に放送時間が短く(2)、費用対効果を重視する放送局はアニメ製作に消極的になった。国産アニメ番組の制作・放送は中断され、代わりに放送局は、安くて高品質の外国製アニメーションの輸入に再び目を向けるようになる。

韓国版アニメオタクの登場

一九九〇年代になると、韓国の地上波放送では唯一の民放であるSBSが発足し、また、一九九五年にはケーブルテレビ向けのアニメ専門チャンネル「トゥニバース(Tooniverse)」が開局した。テレビ局側の日本アニメに対する需要はますます高まり、『それゆけ! アンパンマン』、『クレヨンしんちゃん』、『美少女戦士セーラームーン』、『DRAGON BALL』、『SLUM DUNK』、『ポケット・モンスター』、『ONE PIECE』と、多彩な日本アニメが輸入され、韓国の子供たちを魅了し、さらに大きな市場を形成していく。

一方、日本では一九七〇年代中盤以降、それまで子供向けの「テレビ漫画」という評価でしかなかったアニメに、年齢層の高いファンが出現していた。『宇宙戦艦ヤマト』や『機動戦士ガンダム』は、独特な物語性やキャラクターで若者の心をとらえ、熱狂的なファンを生み出していった。彼らは趣味を同じくする仲間同士で作品論を熱く語り合うとともに、キャラクターグッズ収集に没頭し、やがて「オタク」と呼ばれるようになっていた。

今日、韓国にもアニメオタクは多数存在するが、一般に「オタク」よりも「マニア」と呼ばれる方が多いようだ。きっかけは、幼少期に日本アニメを見て育った世代が成長して、一九九〇年代に新しい作品を求め始めたことだと考えられる。これらの層は、自分たちが幼少期に見ていたアニメが日本製だったことも認識するようになっていた。

しかし、韓国では一九九〇年代になっても、「アニメは子供向けのもの」という考え方が強く、テレビ放送される日本アニメも、子供が視聴する時間帯に子供向けの作品を選んで放送しているのが現状であり、多様な作品の放送を期待することは難しかった。また、テレビ放送されている作品であっても、前述のとおり、日本色に対する修正が施され、オリジナル版とは異なっている作品も多かった。

そのような状況で、韓国のアニメファンは、正規ルートを通って日本から輸入され、テレビ放

（2）『赤ちゃん恐竜ドリー』は一話一五分、『さすらいのカチ』や『走れホドリ』は一話一〇分だった。

送されているアニメ作品だけでは質・量ともに満足できず、非正規ルート経由での作品入手に活路を見出すようになっていく。一九九〇年代の韓国におけるパソコン通信の隆盛については第五章に記したとおりだが、そこにはアニメ同好会も多く存在していた。各人が、自分が苦労して手に入れた日本のテレビアニメ、劇場用アニメ、それにOVA（Original Video Animation ビデオ用に製作されたアニメ作品）のリストを掲げ、それら作品のビデオテープが個人間で流通するとともに、アニメに関する活発な議論が展開されるようになっていく。

テレビで放送される日本アニメは限定されており、また、日本の劇場用アニメは全く国内で上映されていなかった頃、このような同好会が韓国のアニメファンたちの需要を満たす役割を果たしていた。また、ここに至って、韓国でもアニメは子供用という偏見から脱却し、アニメ文化が定着し始めることになる。

余談になるが、一九九〇年代、日本の劇場用アニメは韓国で上映されていなかったにもかかわらず、(3) 宮崎駿監督の作品はすでに非常に有名だった。宮崎作品が日本で公開されるたび、映画専門誌はカラーページを駆使して紹介し、また、新聞やテレビまでもが彼の新作を報道した。つまり、正式には見ることができない作品であるにもかかわらず、多様なメディアを通じて宮崎作品が報道されていたわけだが、そのような状況はアニメファンの飢餓感を煽るとともに、上記のような非正規ルートの拡大を促したと考えられる。

話を戻すと、韓国でアニメ・マニアたちの数が飛躍的に増加したのは一九九六年、日本から

『新世紀エヴァンゲリオン』が入って来た時とされている。日本でも社会現象となった作品だったが、韓国でも大人気で、関連商品も数多く販売された。また、劇場版が日本で公開される初日には、東京へ向かう飛行機は、韓国のアニメ・マニアたちの専用機と化したとまで言われる（キム・ヒョンミ 二〇〇四）。

いずれにせよ、比較的若い層が経済的に余裕が出てきて、自分の好きなことや趣味にお金をつぎ込むことができるようになったことや、パソコン通信やインターネットの普及で、日本のアニメ作品のコピーや関連情報を入手しやすくなったこと、さらには、日本の大衆文化に対する抵抗感が少なくなったことなどが重なりあって、韓国にマニアックなアニメファンが増え始めたと考えられる。

日本アニメの人気と国産アニメの優遇

韓国の地上波放送三社（KBS、MBC、SBS）による、一九九〇年代後半から二〇〇〇年代前半にかけてのアニメ番組の編成状況を見ると、一九九九年四月に放送された全一八本のうち八本、二〇〇一年六月には全二〇本のうち七本を日本アニメが占めていた。

実は、韓国の放送法は、放送事業者に国内制作番組を一定比率以上放送させる「クォータ制

（3） 日本の劇場用アニメが、国際映画祭受賞作品に限って解禁されたのは、二〇〇〇年のことである。

度」を定めており、アニメ番組に関しては、KBSとMBCは総アニメ放送時間の四五%以上、SBSは四二%以上を韓国の国産アニメが占めることが義務付けられている。そのような編成義務を侵さない範囲で、地上波放送各社が日本アニメを多く放送しようとしていたことがわかる。

しかしその後、地上波放送における日本アニメの編成は減ってきている。二〇〇七年に放送されたアニメ作品の中で、日本製のアニメが占める割合は二〇本に一本程度で、アメリカ製やカナダ製よりも少なかった。先述のクォータ制度の影響もあるだろうが、同時に、アニメ番組の放送枠自体が減ってきていることや、韓国アニメの質が向上していることも、日本アニメとってはマイナスに作用していると思われる。

今日、韓国は世界有数のアニメ生産国でもある。下請けが長かったからか、いまだに原画やストーリーなど創造性が問われる部分が弱く、また、制作の核の部分を担える人材が不足しているという課題はあるが、最近では、韓国で作られたアニメの中で、日本製のアニメと見間違うような作品も少なくない。韓国の制作者が日本のアニメ制作を研究し、ノウハウを吸収してきたことの現れだろう。

実は、韓国ではアニメ産業は主要成長分野と位置づけられ、国家レベルや地方自治体レベルで、アニメ産業の育成・振興に力を入れている。例えばアニメ産業団地を作ったり、アニメ関連のベンチャー企業を支援したりといった具合だ。また、人材育成を目指し、アニメーション関連の学科を設置している大学は二〇〇九年には六七校に上り、国立のアニメーション高等学校まで設立された。これらのような取り組みが着実に実を結びつつある。

結果として、韓国市場において日本アニメは、成長著しい韓国の国産アニメに押し出される形となっている。二〇一〇年七月の時点で、韓国の地上波で放送されていた日本アニメは、日韓合作を除くと、あだち充の漫画が原作の『クロスゲーム』と、鳥山明が監修した『BLUE DRAGON』のわずか二本だった。アニメ番組の海外販売を担当する、ある日本のテレビ局員は、「韓国では、日本のアニメならばなんでもOKという時代は過ぎた」と話す。

しかし一方で、日本から韓国へ正規に輸出されるテレビ番組をジャンル別に見た場合、第三章の**図3・2**で見たように、いまだにアニメは全体の本数の八割以上を占めている。これは、アニメ専門チャンネルへの販売が多くを占めていると考えられ、実際、それらのチャンネルでの日本アニメ編成率は相変わらず高い。二〇〇七年、主要なアニメ専門チャンネルの放送時間に日本アニメが占めた割合を見ると、トゥニバースでは全放送時間の六二・三%、エニワンでは五五・七%、そしてチャンプでは七一・九%に上っており、どのチャンネルでも韓国アニメの割合を上回っていた。

また、日本アニメは高い視聴率を記録しており、二〇〇八年にケーブルテレビで放送された番組の視聴率上位五〇番組中一五本が日本アニメだった。最も視聴率が高かったのは六位の『クレヨンしんちゃん』で、二・五%だった。第三章に記したとおり、これはケーブルテレビの視聴率としてはかなり高い数値で、地上波放送に置き換えれば三〇～四〇%に匹敵するだろう。

写真7･1　韓国で放送中の『クレヨンしんちゃん』

韓国での日本アニメに対するニーズの高さは、アニメ番組を販売する側である日本のテレビ局も認めている。アニメ番組の海外販売において、日本の放送局の中で最大規模を誇るテレビ東京のこれまでの販売実績を見ると、二〇一〇年八月の時点で取り扱っている約五〇タイトルのうち、四〇から四五タイトルは既に韓国に販売済みであり、売れ残りはほとんどない。最新作も間違いなく契約が結ばれるなど、テレビ東京にとって、韓国のアニメ市場は非常に重要な市場と位置付けられている[4]。

面白いことに、韓国ではアニメ番組の編成に関して、先に記した国内制作番組クォータとは別に輸入番組クォータも設けており、特定国で作られたアニメ番組の放送時間の合計が、そのチャンネルの総アニメ放送時間の六〇%を超えてはいけないことになっている。これは「一国上限制度」とも呼ぶべきものであり、特定国のアニメ番組が集中的に放送されるのを防ぎ、逆に様々な国の作品を放送することで、文化的多様性を確保することが第一義的な目的とされるが、国産アニメの放送枠を確保し、韓国アニメ産業の保護・育成につなげたいという思惑も見て取れる。

しかし、現実に六〇%を超えて放送される可能性があるのは日本アニメであることを考えれば、この規制は日本アニメの総量を制限する働きをしているとも考えられる。(5) ところが実際には、上記のとおり、アニメ専門チャンネルの日本アニメ編成率は六〇％を超えている。極端な場合だと、二〇〇六年には一〇〇％日本アニメを放送していたKMTVやキャッチオンといったチャンネルまで存在していた。

それらのチャンネルに対しては放送通信委員会が罰金を科すわけだが、罰金額は二五〇万ウォンから五〇〇万ウォン（約一九万〜三七万円）と、企業にとってはそれほど高額でもなく、また、日本アニメは高い視聴率が期待できるため、規制に反して罰金を払ってでも日本アニメを多く編成しようとするチャンネルもあると、複数の関係者が話している。

どうしても罰金を避けたい時は、クォータを遵守するしかないのだが、その場合には以下のような方法がある。アニメ専門チャンネルに対する国産アニメの編成義務は、地上波放送より低い三五％であるが、深夜に韓国国産のアニメを集中的に放送して比率を守る一方で、ゴールデンタイムなど、視聴者数が多い時間には日本アニメを集中的に編成するのである。

これまで見たように、韓国は、国として自国アニメ産業の発展を支援しており、国産アニメ番組優遇のために、外国製アニメ番組の放送に関しては様々な規制があるが、それでも日本アニメ

(4) テレビ東京メディアネット国際事業部へのインタビュー。
(5) 韓国コンテンツ振興院の金泳徳所長へのインタビュー。

の人気は根強い。総合編成の地上波放送では、日本アニメなしでも番組編成は成り立つものの、アニメ専門チャンネルの場合はそういうわけにもいかず、依然として日本アニメに頼らざるを得ない状況にあるようだ。

日本アニメに対する認識

一九七〇年代以降、韓国ではかなりの数の日本のアニメ番組がテレビ放送されてきたが、日本を連想させる内容や描写、表現は削除・修正されてきたために、視聴者たちは、それらの番組が日本製であることを知らないことが多かったと先に記した。

一方、世界規模で見た場合、昨今の日本アニメに対する評価の高まりの中、多くの視聴者が、日本で作られたアニメ作品を他国の作品と区分して認識しており、あるアニメ作品が日本製であることに、ブランドにも似た価値を見出している。そのような状況が進む中で、今日の韓国の視聴者は韓国語に吹き替えられた日本のアニメ番組をどの程度、日本製と認識しているのだろうか。

一九九九年に韓国人二三八一名を対象に行われた調査結果によると、『DRAGON BALL』や『SLUM DUNK』は八〇%以上の回答者が日本製であると認識していた（山下 二〇〇二）。それらの原作である漫画が韓国で人気を呼び、日本の漫画と認識されていたことが、それらのアニメ化作品も日本製であるという認識につながったようだ。しかし、『アンパンマン』は日本製と認識できた者は四四・一%にとどまり、四〇・一%が韓国製と答えている。また、年代によっても差異が見られ、一般にアニメへの興味や視聴頻度が高い一〇代よりも、むしろ二〇代の方が正しく日本のものであると認識している者が多かった。

次に、第四章で紹介したフォーカスグループに集まった二〇代の大学生・大学院生の話をまとめてみる。彼らは子供の頃、テレビでアニメを見ていて、日本製だと知っていたものもあれば、知らなかったものもあったようだ。また、日本製だと知っても、日本は良いアニメを作る国だと感じた以外、特に思うことはなかったと話す。

例えば『DRAGON BALL』は、皆が日本製だと知っていた。また、『クレヨンしんちゃん』や『美少女戦士セーラームーン』は、作品に出てくる家の様子や制服から日本製だとわかったという人もいた。前者は家が、そして後者は制服が、作品の中で非常に重要なアイテムとなっており、それらがいかに日本的なものであっても、さすがに修正はできなかったと思われる。セーラー服を着ていないセーラームーンでは作品は成立しない。

一方、Y君が、子供の頃は『炎の闘球児ドッジ弾平』や『燃えろ！　トップストライカー』が日本製だと知らなかったと話すと、数名から「自分は今日まで韓国製だと思っていた」というような驚きの声が上がった。日本製であることが意外だという声が聞かれるほど、これらの作品は、何の違和感もなく韓国製のアニメと信じ込まれていたのである。

ただ、多くの一致した意見は、結局、子供の頃は自分が見ているアニメ番組がどこの国で作られた作品であるか、あまり考えもせずに見ていたということである。しかし、たまに修正が不自然だったり、ぼかした跡が残っている場合があり、違和感を覚えたこともあったという。

それでは、作品に修正を加え、日本的な要素を消すことはどのように捉えられているのだろうか。そこまでする必要はないという意見がある一方、S君は、例えば実生活で見たことのないような服を着たキャラクターが登場すれば、子供たちは親しみを感じられないかもしれず、そのような違和感を避ける上で、修正を加える必要があると話す。つまり、日本的なものだから修正を加えるのではなく、韓国的ではないから修正を加えるという論理である。

第二章で紹介した韓国文化観光研究院のパク・ジョウォン室長も同じような捉え方をしており、日本的な要素に対する修正は、放送局が自主的にやってきたことであり、視聴者にとって見やすくするためのサービスだと述べる。原作を傷つけるなどであれば問題だが、全体の流れに影響がない程度の修正しか行われていないという。

しかし、実際の修正対象となるアニメ番組は外国製全般にわたっているわけではなく、日本製が中心である。やはり、日本的な部分を放送しないという力が働いているように思われてならない。

また、一部の日本のアニメ番組は、子供の視聴には問題がある表現や描写を含むと捉えられている。その代表格は『クレヨンしんちゃん』で、第四章で紹介したフォーカスグループに参加した四〇代の親世代にも見事に不評だった。『クレヨンしんちゃん』の場合、主人公しんのすけの悪態や下ネタは、日本同様、韓国でも教育上問題があるとされ、「親が子供に見せたくない番組」

という評価を得ている。特に、日本以上に儒教的家族主義が強い韓国では、子供が親を侮辱するような内容は批判の対象となる（金仙美 二〇〇五）。しかし一方で、『クレヨンしんちゃん』は高視聴率番組でもあり、子供たちの間では非常に高い人気を得ていることが窺える。

依然続く日本色の修正

韓国では、アニメ番組に日本的な要素が含まれることが依然として問題になるのだろうか。少し前のデータになるが、一九九七年に放送委員会（当時）が審議した、アニメ番組を含む外国映画番組五三六八編のうち、放送不可とされたのは一〇一編で、そのうち二七編は「日本色」が理由とされている。これは、理由としては「青少年の品格阻害」の三五編に次ぐ多さで、「暴力」（二〇編）や「扇情」（九編）より多かった。

また、同じ一九九七年、総合有線放送委員会が審議したアニメは全部で二一五八編あり、審議の結果、問題のあるシーンをカットするという条件付きで承認されたものが二七九編に上ったが、それらは全て日本製だった。このうちの四四・八％にあたる一二五編は「日本色が濃く、民族の主体性に反している」という理由からだった。

ただし、ここで挙げたデータは、いずれも一〇年以上前のものである。それでは、最近でも日本色を削除するようなことは行われているのだろうか。一昔前に比べて、そのようなことは明らかに減ってきており、人気作『ＮＡＲＵＴＯ』（日本では二〇〇二年一〇月〜二〇〇七年二月放送）

は、本編中の日本語表記も登場人物の名前も、日本版オリジナルのままで無修正だった。

TBSが二〇〇一年から二〇〇二年にかけて放送した『ゴーゴー五つ子ら・ん・ど』というアニメ番組がある。主人公である五つ子たちが巻き起こす騒動を描いた作品だが、その中に、子供たちが着物を着て、正月を過ごす話があった。この番組を初めて韓国のアニメ専門チャンネルに販売する際には、その話を除かざるをえなかったが、その数年後、除外した話を追加して再販売してほしいという申し出が来た。このような事例からも、日本色に対する規制は徐々に緩和されつつあると思われる。

しかし、日本的な要素の修正が全くなくなったわけではない。二〇〇四年にKBSが放送を開始した『ヒカルの碁』の場合、登場人物は韓国人となっており、主人公の天才囲碁棋士・ヒカルは「シン・ジェハ」に、ヒカルに取り憑く平安時代の天才棋士の霊・佐為は「チャラン」に名前が変更されていた。また、実際に韓国で放送されたものは、修正のせいで不自然な画面が多く、作品に没入しがたいという非難が巻き起こった。中でも最も非難の対象となったのは、重要キャラクターである佐為の衣装（平安貴族の装束）を白く塗りつぶした点だ。結果として、佐為は常に白い塊の上に生首だけがのっているような、無残な姿で登場することになってしまった。

番組の視聴者掲示板には、怒りと失望の書き込みが相次ぎ、「キャラクターを象徴する服を全て削除したら意味がない。こんなことなら最初から放映をしなければ良かった」という、アニメファンとして非常に正当な意見が寄せられた。一方、KBSは、過去に審議過程で日本色を指摘された経緯があり、やむを得ず、このような方法で妥協したと弁明した。ちなみに、後日、この作品がアニメ専門チャンネルのトゥニバースで放送された際は無修正だった。

修正は韓国の放送局が自主的な判断に基づいて行おうとするものである。しかし、当然ながら、既に作品として完成しており、日本で放送されたアニメ番組の一部を修正する場合、著作者の許諾が必要になる。前述の通り、著作者は作品を勝手に修正されない権利（著作者人格権における同一性保持権）が認められている。つまり、韓国側は自分たちの判断だけで手を加えることはできない。『ヒカルの碁』における修正も、日本の著作者から許諾を得た上で行われたと考えられる。

写真7·2　修正された『ヒカルの碁』の佐為

基本的に修正を許可する立場にあるのは、原作者とアニメ制作会社であり、販売窓口となっているテレビ局から彼らへ修正の可否が打診される。前述の『クロスゲーム』（テレビ東京が韓国ＥＢＳに販売）の場合を見てみよう。ＥＢＳからの修正の意向を受けて、テレビ東京は原作漫画の作者・あだち充や制作会社に具体的な修正案、例えば、登場人物が着ている白い浴衣は韓国では放送審議にかかる可能性があるので、同色の羽織物に修正することを説明し、理解を求めている。

しかし、修正で合意が得られない場合には、問題になりそうなシーンや描写を含むエピソードをまるごと落してしまうこともある。例えば盆踊りのエピソードを飛ばすなど、ある話をスキップするという方法である。もっとも、一話完結型作品の場合であれば、そのような方法で対処できるかもしれないが、話が連続している作品の場合、飛ばすエピソードがストーリー展開上、非常に重要であれば、話がつながらないという問題が生じる可能性がある。

第八章　日本のテレビ番組の国際競争力と今後の展開

　本書ではここまで、日本のテレビ番組が韓国で放送されない理由を、日本の大衆文化に対する規制や民族感情、海賊盤や違法動画の蔓延、さらには模倣・盗作の横行といった、韓国に内在する要因に基づいて検討してきた。しかし、これだけでは議論は不完全である。なぜならば、流通を阻害すると考えられる要因は、韓国側にだけ存在するものではなく、日本側にも存在する可能性があるからである。

　本章では、まず日本のテレビ番組の韓国での流通に関して、日本側に起因する諸問題について考察する。注意すべきは、ここで論じられる問題の多くは、日本のテレビ番組が韓国市場に対してのみならず、他の海外市場に対して販売される際にも起こりうるという点であり、その意味で本章での論点は、日本のテレビ番組の海外展開における課題と置き換える事ができる。日本がコンテンツ産業振興を国家戦略として掲げるのであれば、アニメや漫画、ゲームのみならず、国内の代表的メディアコンテンツであるテレビ番組の国際競争力強化も視野に入れて行く必要があるだろうが、そのために何が不足しているのかをここでは検討する。そして、それらの議論を踏まえて、今後の韓国市場での展開を考えてみる。

日本のテレビ番組購入をためらう理由

毎年秋、映像コンテンツの国際見本市・TIFFCOMが東京で開かれている。映画やテレビ番組などの売買のため、多くのコンテンツホルダーが出展し、また、世界中からバイヤーがやってくる。まずは、二〇〇八年にTIFFCOMの国際ドラマブースを訪れた海外一六か国一九五人に聞いた、日本のテレビ番組の購入をためらう理由を見てみよう（**図8・1**）。

最も多い理由は、「権利処理上の制約が多い」だった。ここでの「権利」には、テレビ番組に含まれる著作権だけでなく、番組宣伝の際の出演者の肖像権なども含まれると考えられる。権利の多くは、日本のテレビ局によって処理された上で番組は販売されるが、全部あるいは一部が使用不可だったり、処理に時間が多くかかったりと、買う側が不便に思うことは多いようである。

次に多かった理由は、「販売価格が高い」だった。番組を売る側である日本のテレビ局は、海外販売に際して生じる新たなコストを考えて販売価格を設定する。しかし、価格が適正かどうかは評価が難しい。日本人の感覚では高額とは感じなくても、物価が大きく異なる国からすれば、日本の番組は高いと感じられるかもしれないし、また、購入側が価格に見合う価値や効果がない

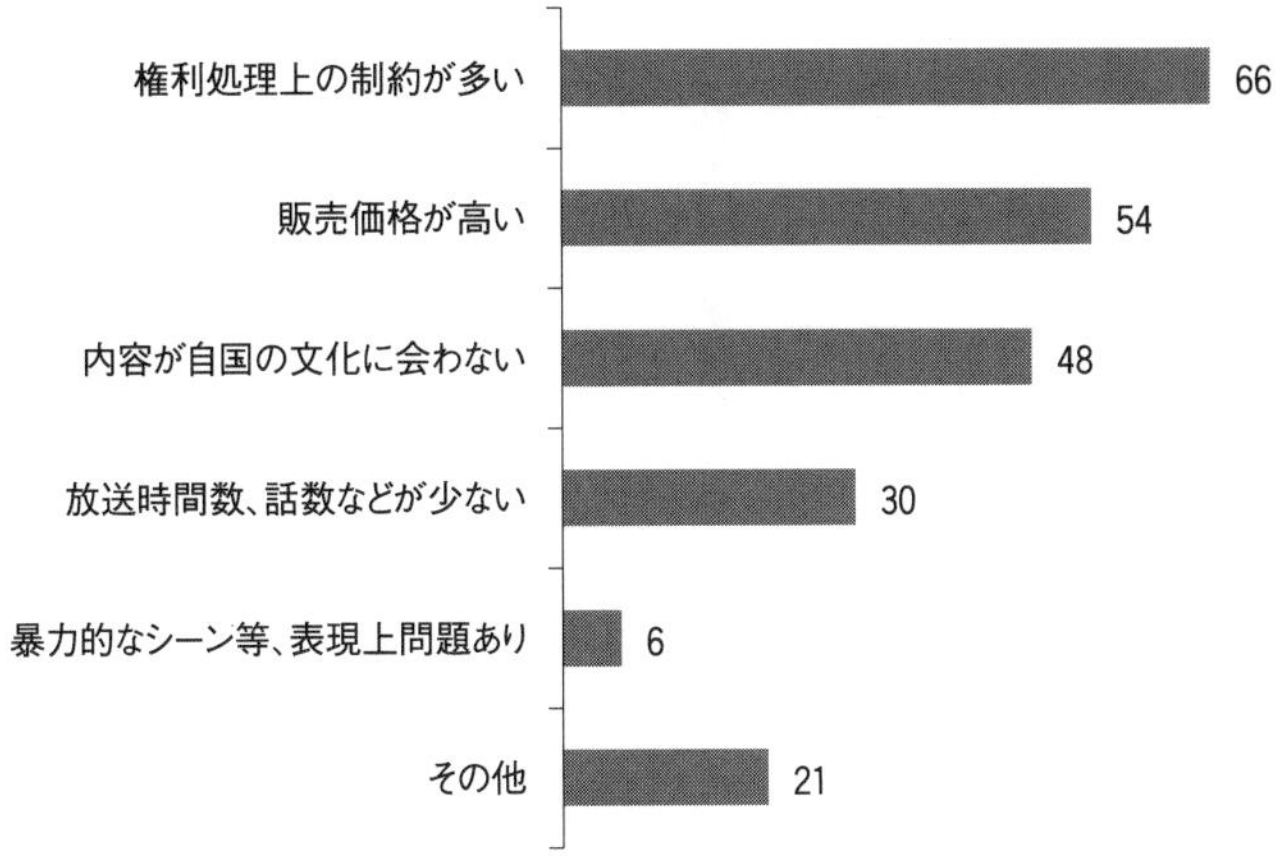

図8·1　日本のテレビ番組購入をためらう理由（複数回答あり）

出所：総務省（2009）

と思うかもしれない。

三番目に多かった理由は、「内容が自国の文化に合わない」である。文化的価値観に抵触すれば、当然その番組は視聴者に受け入れられないだろう。続いて四番目の理由は、「放送時間数や話数などが少ない」である。第四章に記した通り、日本の連続ドラマの話数は、他国のものに比べて少ないことが多い。これら三番目および四番目の理由は、日本の番組それ自体の内容やフォーマットの問題と言える。

実は、ここに挙げられた理由はどれも、日本のテレビ番組の海外での流通を阻害する要因として、よく指摘される点である。日本貿易振興機構（JETRO）が行った、中国・北京や台湾の放送関係者へのヒアリング調査をまとめたレポートでも、日本側の著作権に対する意識が強すぎて権利区分や関連手続きが煩雑であること、プロモーションがしづらいこと、日本のドラマの価格は世界各国の中でも高い方であること、話数が少なく、自国の視聴習慣に合わないことなどが、主な問題点として挙げられている。また、こういった点は他国のバイヤーも感じているようであり、筆者が韓国の放送関係者に対して行ったインタビューでも、概ね似たような回答が寄せられた。

これらの点は、いわば日本のテレビ番組の国際流通における不利点と捉えることが可能であり、現状では、日本のテレビ番組を海外市場に売る際には、これらの点を背負って売って行かなければならないということになる。以下では、これらの不利点がなぜ生じているのか、そして改善することはできないのかを考察していきたい。

海外市場の重要度

総務省のまとめによると、日本のテレビ番組の海外輸出状況は、二〇〇四年度以降、年に八〇億円から九〇億円程度に落ち着いていたが、二〇〇九年度は七五億円に落ち込んでいる（**図8・2**参照）。ジャンル別に見ると、**図8・3**にあるとおり、アニメが過半数を占め（五一・五％）、バラエティ番組（二〇・一％）やドラマ（一三・二％）が続いている。

八〇億円のビジネスといえば、それなりに大きい規模のものに思えるかもしれないが、実のところ、海外ビジネスはテレビ局の全売上のうち、ごく僅かを占めるにすぎない。例えば、TBSの二〇〇七年度の海外番組販売は約一八億円だったが、これは連結売上高の一％未満であり、フ

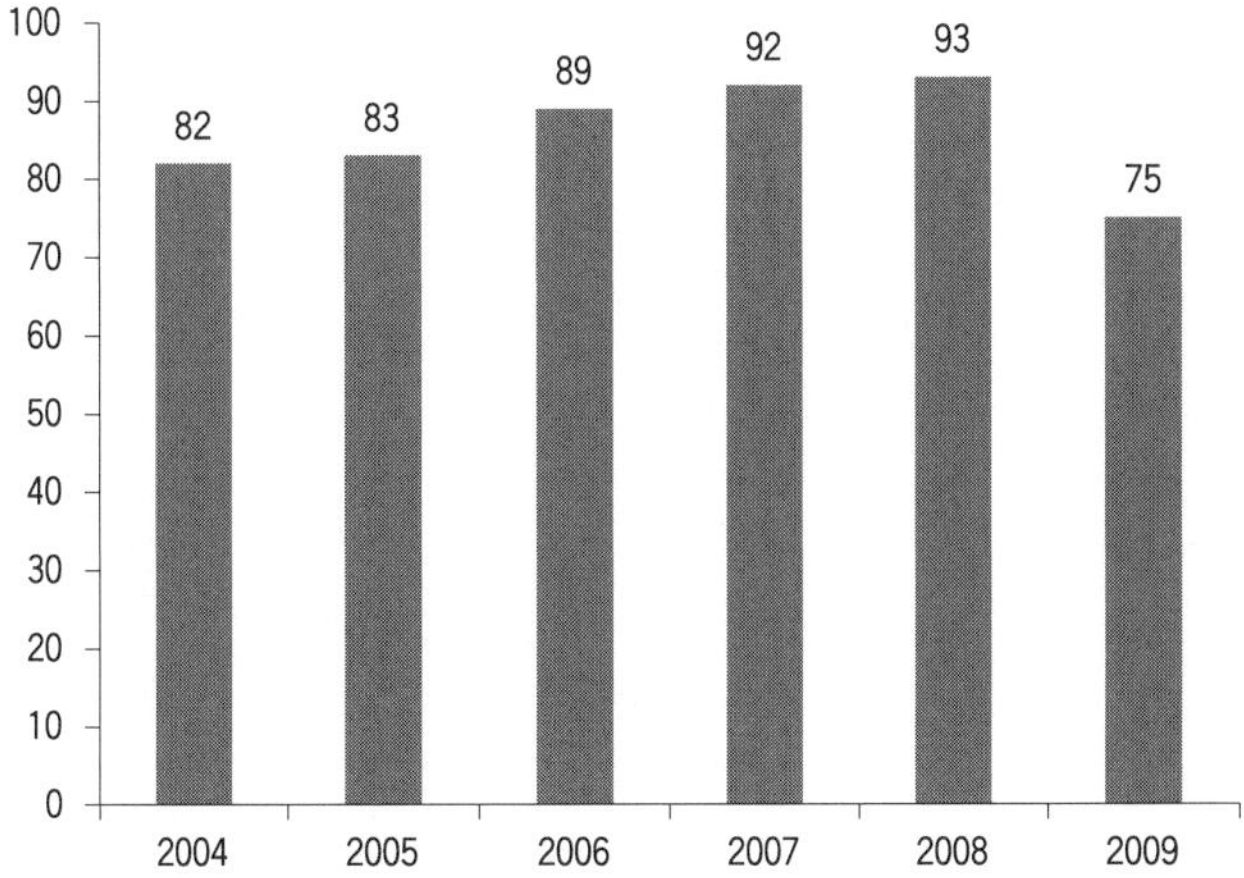

図8·2　日本製番組の輸出量（金額ベース、単位・億円）

出所：総務省（2011）

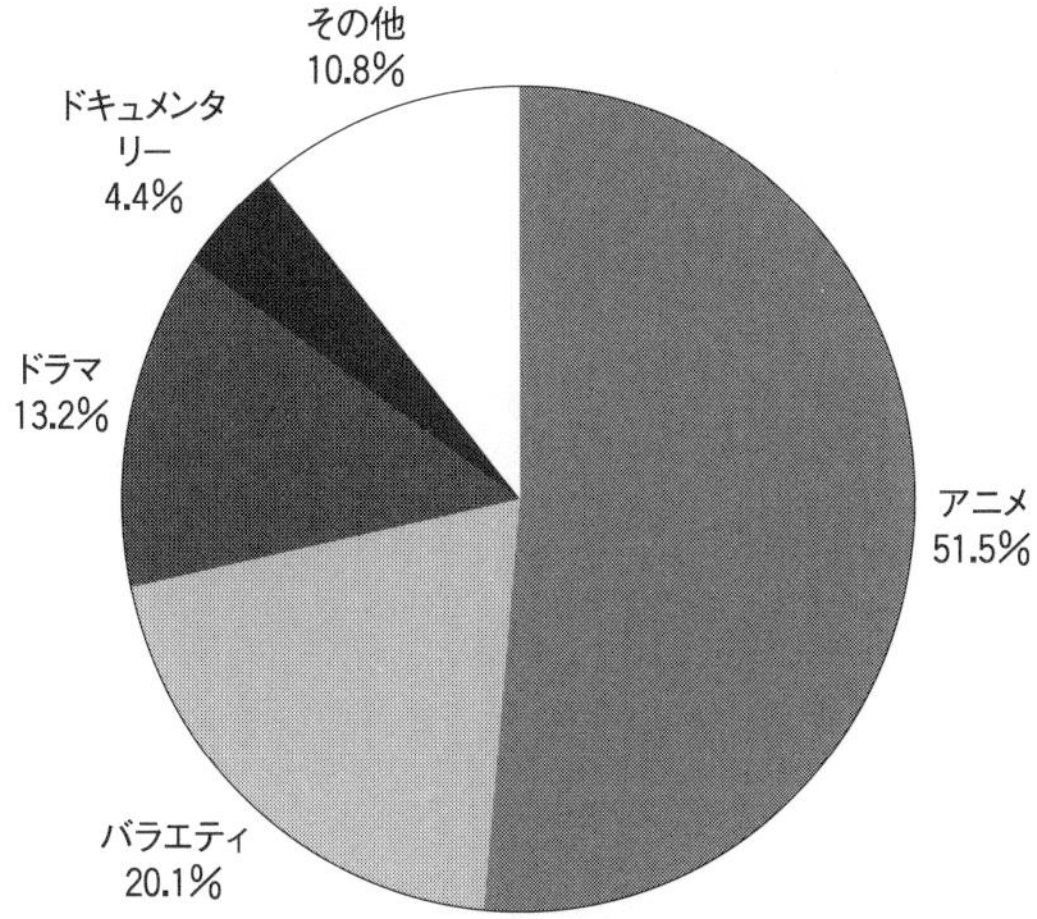

図8·3　海外へ輸出される日本製番組のジャンル（金額ベース）

出所：総務省（2011）

ジテレビにしても、二〇〇七年の時点で海外番組販売額は全売上高の〇・五%程度だった。民間のテレビ局にとって主要財源であり、事業収入の大部分を占める広告収入に比べて、海外事業による収入は額がはるかに小さいことがわかる。

日本のテレビ局は典型的な内需産業であり、巨大な国内市場で十分な利益を挙げてきたので、わざわざ海外市場に向けてテレビ番組を売る意欲や動機は、これまで決して高くなかった。どの局も海外番組販売を扱う部署や子会社を設置し、先述のTIFFCOMのような番組の国際見本市にも出展してきたが、総じて、海外市場に積極的にセールスをかけるというよりは、海外市場から買いたいというオファーがあってはじめて動き出すというケースが多かったようだ。

極論を言えば、これまで日本の放送局にとって、海外市場への番組販売はあくまで付帯事業という枠を出ることがなかった。実際に、ある日本のテレビ局で海外番組販売を担当する者は、「海外への番組販売は、会社の本流になるビジネスではない。局内には海外展開をやめてしまい、日本国内だけでやっていこうという極端な意見もある」と言う。また、他の局の担当者も、少し前までは番組を海外に売りたいと局内で提案しても理解されなかったと話す。

決して日本の番組が海外で評価されていないということではない。むしろ、国際的なコンクールなどに番組が出品され、また、実際に賞を獲るようなケースは以前からあった。しかし、そのような場で受賞することの意義は、あくまで日本国内の広告主や視聴者に向けて制作力をアピールできることであり、海外での高い評価をバネにして海外市場展開を試み、番組を売って行くという戦略的発想にはなかなか結び付かない（重村 二〇一〇）。

実は、筆者もテレビ局に勤務していた頃、海外市場は重要視されていないと実感したことがある。会社に中長期の目標を立てるように求められたので、当時（一九九〇年代後半）、日本のテレビ番組が台湾や香港で人気を得ていたこともあり、いつかは番組の海外販売をやってみたいと述べた。すると上司は、「海外への番組販売が重要なビジネスになることはない。ゴールデンタイムの番組を作っている方が、はるかに意義がある」と言う。部下の希望を言下に否定するのはどうかと思ったが、現状から判断すれば、彼の言っていたことは正しかった。

もっとも今日では、国内市場の縮小やメディアの増加による競争激化の中で、日本のテレビ局にとっても海外市場の重要性が強調されるようになっている。遅まきながら、テレビ局も国際化・グローバル化に目を向け始めたようである。しかし一方で、依然として全売上の一％にも満たない事業に、大々的に取り組むようにビジネスモデルを大きく方向転換していくことは、一朝一夕には成就しないだろうし、現実には考えにくい。

ウィンドウ戦略とは何か

メディア経済学的な視点から見ると、テレビ番組は本質的には国際流通に適した製品である。テレビ番組を制作するにあたっては多額の初期固定費用が必要である。地上波放送でゴールデンタイムに放送する番組であれば、一本あたり数千万円かけて制作されることが当たり前だし、ドラマの中には億単位のものもある。しかし、番組自体が完成すれば、当初に予定されていた放送(ファーストラン)が終わっても、様々なメディア(ビデオ・DVD、インターネットの動画サイト、IPTV、有料チャンネル、地上波チャンネルなど)および市場で逐次的に展開することで、一作品当たりの収入機会増加を図ることが可能になる。

このように、製作者が一つの番組を多目的に利用(マルチユース)し、異なるメディアや市場で何度も繰り返し露出することは、番組という資源を最大限に有効活用することに他ならない。このような戦略は、コンテンツが公開される各メディアをウィンドウに見立てて、「ウィンドウ戦略」と呼ばれ、今日のコンテンツビジネスの基本戦略の一つとなっている。

番組単位での収益極大化を目指すウィンドウ戦略では、海外市場での露出も重要なウィンドウの一つと位置づけられる。海外販売に伴う追加費用は、番組制作に必要な初期費用に比べればわずかなものであり、従って、はるかに少ない増分費用のみで海外市場へ販売することができると理論上は考えられる。

実際、アメリカの番組の場合、巨大なアメリカ国内市場でのファーストランで初期費用を回収できれば、あとは海外市場に販売される度に利益が増えていく構造を持つ。つまり、国内で制作費を回収し、海外で純利益を稼ぐことを目標にするのである。逆に韓国のように国内市場が小さい場合は、海外市場での収益を前提にして、その分、制作費を高く見積もってテレビ番組を作ることもありうる。一般的に考えた場合、制作費が上がれば、より質の高い番組制作が可能になる。

しかし、上記のような理論を現実の商取引に照らし合わせてみた場合、重要な点が決定的に欠けている。それは、テレビ番組の販売とは、放映権を販売するビジネスであり、マルチユースに際して新たな権利処理が必要になる可能性がある点だ。販売する側は、権利者から使用の許諾を得るとともに、その対価として使用料を支払う必要が生じうるが、権利者が多岐にわたる場合は、こういった手続き自体が非常に煩雑かつ高コストなものとなり、結果的にウィンドウ戦略は遂行しにくくなる。

マルチユースを阻害する権利処理

日本の場合、テレビ業界での慣習として、テレビ番組は決められた放送日時での一回だけの放送、あるいは、せいぜい同じチャンネルでの数回の再放送を前提に製作されている。つまり、テレビ番組は「あくまでテレビで放送されるためのもの」と考えられているわけである。テレビ番組がテレビで放送されるのは当たり前の話のように聞こえるかもしれないが、しかしテレビで放送されるだけとなると、マルチユースやウィンドウ戦略は成立しない。

本来再利用可能なはずのテレビ番組をテレビ局が「塩漬け」にしていると、時に批判されてきたのはこのためである(1)。確かにテレビ局は多くの場合、自社が製作したテレビ番組の著作権を有し、番組販売の窓口を担当している。しかし注意しなければならないのは、テレビ局は、たとえ自社が製作した番組であっても、自らの判断で自由にその番組を再利用できるわけではないという点だ。

実は、テレビ番組は「権利の寄木細工」(砂川 二〇〇〇)と言われるほど、それ自体が多くの権利物を含んでおり、多くの権利者が存在する。この点が、書籍や絵画など、権利者が少数に限られる著作物とは大きく異なる。そして現実には、多数にわたる権利者の許諾なしには、テレビ局も番組を再利用して海外へ販売したり、DVD化したり、あるいはネット配信することは基本的にできない。その意味において、テレビ局は自らが放送番組を製作した著作権者であると同時に、再利用に際しては、数多くの権利者からなる放送番組の利用者でもある。

それでは、テレビ番組に関わる権利者とは具体的には誰なのだろうか。例えばドラマの場合であれば、ドラマを制作・放送したテレビ局やプロダクションといった番組製作者(コンテンツホルダー)以外に、原作者、脚本家、作詞家、作曲家、編曲家、ドラマ内で使用した楽曲を含むレコードやCDの原盤製作者(2)、実演家(出演者)など、実に様々な領域の人や団体が権利者になることが一般的だ。

もっとも、原盤製作者や実演家は、原作者や作詞家のような著作者ではなく、あくまで著作物を世に伝える存在であり、彼らには著作隣接権が与えられている。「著作隣接権」という名称には、それ自体は著作権ではないものの、著作権に並ぶ権利といった意味合いが込められている。

番組の再利用にあたっては、権利者全員の許諾が別途必要になるが、これら各人から許諾を得ることが容易なことではないのは想像に難くない。権利者の多さが、テレビ番組の再利用に関する権利処理を複雑で困難なものにしているという指摘は、よく耳にするところだ。

しかしながら現実には、数多くの権利者個々人の権利をまとめる団体（権利者団体）が存在している。例えば放送番組に深く関わる権利者団体としては、日本文藝家協会、日本脚本家協会、日本シナリオ作家協会、日本音楽著作権協会（JASRAC）などがあり、それらが権利処理の窓口になって、利用者団体であるテレビ局と協議を行っている。

これらの団体には、権利処理の円滑化のため、使用料規定や応諾義務（正当な理由がなければ、著作物の利用を拒んではならないこと）が著作権等管理事業法で決められており、権利の個別性を排除した対応が行われている。また、JASRACの場合は、前年度の音楽著作物の使用量を基に翌年一年分の使用を想定し、包括処理契約（ブランケット契約）を行っている。テレビ局にとっては、これらの団体に属する権利者個々人と交渉する必要はなく、効率的に権利処理を進める

（1）　総務省情報通信政策研究所のまとめによると、二〇〇二年、地上波テレビ番組の一次流通市場は二兆五二八六億円だったが、二次・三次利用などのマルチユース市場は一九四四億円に過ぎなかった。しかし近年は、広告収入の減少もあり、マルチユースは増加傾向にある。二〇〇九年の地上波テレビ番組の一次流通市場およびマルチユース市場は、それぞれ二兆三〇六四億円、四八七五億円だった。

（2）　原盤とは、レコードやCDに複製されるマスターテープのことであり、それを制作するための費用を負担した人や会社が原盤製作者となる。レコード会社のみならず、音楽出版社や音楽プロダクションが原盤製作者となることもある。

ことができるため、時間的・経済的コストはそれほど問題にはならないと思われる。

一方、複雑なのが、集中管理が行われない権利物だ。ＣＤやレコードなどは番組で頻繁に使われるが、そこには作詞家、作曲家、編曲家といった著作者のみならず、歌手や演奏者、そして、原盤製作者の権利（著作隣接権）が含まれる。番組中に使用される音楽の種類は膨大な量に上ることがあるが、その一曲一曲の原盤の権利者を把握し、それぞれ処理するのは、かなり手間がかかる作業だ。

通常、番組内の原盤使用に関しては、各レコード会社が加盟する日本レコード協会と包括契約がなされているが、許諾は基本的に日本国内での放送のための使用に限定される。当該楽曲を使用した番組を二次利用し、海外に販売するとなると、原盤権利者に個別交渉しなければならない。特に、番組内で外国の楽曲を使用している場合、原盤権は外国の会社が持っていることが多いため、権利処理は困難を極める。膨大な時間がかかる上に、高額な使用料を要求されるケースもある。洋楽を使った番組を世界各国に販売するとなると、音楽使用料だけで一〇〇〇万円を超える場合もあるという。

このような複雑かつ高コストな原盤の権利処理を避けるには、海外に番組を販売する際、楽曲を差し替えてしまう方法がある。しかし、放送番組内の様々な音声（例えば、セリフ、効果音、音楽など）はミックスされてしまっており、音楽だけを差し替えるのは、大変な労力を要する作業だ。後に楽曲の差し替えをやりやすいように、それぞれの音声を別々にマルチトラックに収録したまま保存することは一般的ではない。

結局、外国の楽曲を使用している番組は、新たに権利処理をするにも、楽曲を差し替えるにも、コストがかかり過ぎて、海外市場へ販売できないケースが多くなってしまう。

また、実演家の著作隣接権に関しては、芸団協・実演家著作隣接権センター（CPRA）、日本音楽事業者協会（音事協）といった業界団体があるが、それらに所属しない芸能事務所もある。再利用に際して、新たな報酬の支払いが発生しても使用料規定はなく、個別交渉である。しかも実演家に応諾義務があるわけでもなく、実際に交渉をしたものの、許諾に関する条件が折り合わず、結果的に拒否されることもある。何らかの私的な理由、例えばイメージチェンジを図っており、過去の映像を使われたくないといった理由で、利用が許可されない場合もある。

もっとも、以前はそれほど厳格に権利処理が行われていたわけでもないようだ。一九九〇年代に日本のドラマが台湾や香港で流行した頃は、権利処理のルールも今ほど制度化されたものではなく、販売が先行し、後から処理についての話し合いを始めることもあったというが、それが結果として日本のテレビ番組の流通を促進していた。しかしその後、海外での販売実績が増加するにつれて、権利者が権利を主張することが増え、権利処理をめぐるトラブルも起きるようになり、今日のような状況に至っていることを、ある日本のテレビ局の番組販売担当者が話してくれた。

今日、日本のテレビ番組の海外販売を阻害する要因として必ず挙げられる権利処理の複雑さであるが、実はこの点に関して、販売窓口となっているテレビ局では行政への期待が大きい。実際に、放送番組の流通促進のための制度作りを担う総務省は二〇〇九年、著作隣接権の処理を一元化することを目指す実証実験のためのプロジェクトとして、「映像コンテンツ権利処理機構」の設立を支援し始めた。これは、いわば映像版ＪＡＳＲＡＣのような組織であるが、うまくいけば、不明権利者の探索や許諾申請の窓口一本化を通して、権利処理業務を円滑化することは可能かもしれない。しかし一方で、使用料の規定などは未定であり、権利処理に伴う経済的コストの削減に関しては、どの程度の効力があるのかは不透明である。

ちなみに、テレビ番組の再利用に係る権利処理は、他国ではどのようになっているのだろうか。アメリカの場合、テレビ番組を製作したプロダクションやプロデューサーが当該番組の唯一の著作権者となるため、再利用に際して権利処理を行う必要はない(3)。さらに、アメリカの著作権法は著作隣接権を認めていない。これらのことが、プロダクションがテレビ番組の再利用を進める上で、非常に有利に作用するとともに、番組放映権が売買されるシンジケーション市場の活性化につながっている。

一方、韓国の場合、放送番組製作者（テレビ局やプロダクション）は、権利者から放送目的の許諾が得られれば、特約がない限り、インターネット配信や海外販売なども許諾されたと捉えることが一般的で、番組を自由に利用できる。また、それに伴う追加報酬も事後的に処理することが一般的だ。さらに、韓国では一般に実演家の権利が弱い。実演者が特約を結ぶことは珍しく、著作隣接権は放送番組製作者に移転していることが多いため、再利用に際して実演者の許諾を得る必要はない。

今日、アメリカや韓国のテレビ番組はマルチユースが進み、インターネット上やＩＰＴＶに出揃い、輸出も盛んに行われているのに対して、日本のテレビ番組にそのような展開が見られないのは、右で見たような法制度の違いによる部分が大きい。概して、アメリカや韓国の場合、テレビ番組のマルチユースに際してコンテンツホルダーの自由裁量で行える部分が日本よりも大きく、そのことが番組の円滑かつ迅速な流通に結びついている。ある韓国の放送関係者は、「韓国では、流通を優先するように著作権が成り立っているが、そのことがコンテンツビジネスにおいては有効に機能している」と話していた。

利益が少ない海外販売

ここまで見たように、日本の著作権法が権利者保護に軸足を置いており、利用促進をする上での制約が多く、権利処理が円滑に行かない点は、テレビ番組の国際展開を阻害する理由の一つとして、よく指摘されてきた。しかし、著作権法を所掌する文化庁は、「著作権契約を理由に番組の再利用ができないケースは、それほど多くない」と異論を唱える。彼らによれば、再利用する

（3）　監督、脚本家、俳優などは通常、それぞれのギルド（労働組合）の会員であり、それらギルドの基本協定に基づき二次使用料は支払われる。

かしないかは、テレビ局が費用対効果を考えた上で判断しているのだから、あくまでビジネス上の問題ということになる。

確かに、売る側である日本のテレビ局にすれば、権利処理に必要な時間や費用は、海外に番組を販売する際の大きな障害になる。ある実務家によると、正式に著作権処理をするとどうしても二～三か月かかり、その間に番組の違法動画ファイルがインターネット上に出回り、潜在的視聴者のニーズを充たしてしまうという。

また、海外への番組販売は、それ自体が大きなビジネスになることは期待しづらいため、基本的には薄利で販売していくことになる。しかし現実には、出演者などに新たに支払う報酬や権利処理などの必要経費のために、どうしても販売価格が高くなる。そうすれば番組の国際競争力は失われ、内外価格差を考えれば、日本と比べて物価が安い国には売ることは難しくなる。先に紹介したように、日本のテレビ番組の購入をためらう理由では、「価格が高い」という声が寄せられている。

実際のところ、日本の番組はどれくらいの価格で販売されているのだろうか。販売価格に関する詳細なデータが不足しているため実態が摑みにくいが、日本のドラマが台湾へ販売される場合、一話あたり三〇〇〇ドルから一万ドルであり、また、韓国のある局の番組購入担当者によると、一話あたり五〇〇〇ドル以下で購入しているという。ただし、これらの額は多くの場合、日本側が妥協した結果の額である。日本側の販売希望価格と買い側の想定価格はケタが違い、双方が協議した結果、日本側が赤字にならない程度まで販売価格を引き下げても、買う側の支払い可能な最高額とはまだ差があることも多い。

結局、このように利益を生みにくい構造の中で、日本のテレビ局が海外への番組販売に積極的になることは難しい。民間放送局にせよ、NHKにせよ、採算を度外視した文化事業として番組の海外販売を行っているわけではない。確かにNHKの場合、財団法人のNHKインターナショナルが外務省や国際交流基金などの公的資金で、番組をODA（政府開発援助）対象国に無償提供してはいるが、その一方で、株式会社であるNHKエンタープライズが海外市場へ番組を販売している。こちらは民放同様、全くの商業ベースであり採算性が重視される。

要するに、日本のテレビ局が番組の海外展開に積極的でないのは、日本の番組があくまで日本語で日本人視聴者向けに作られており、海外市場では受け入れられないかもしれないという文化的な理由もないわけではないだろうがそれ以上に、経済的な理由からと考える方が妥当だろう。番組販売にかかる時間的・経済的費用が便益を圧迫しかねない状態であれば、売ろうとするモチベーションは当然希薄になる。つまり、日本のテレビ局は、損得勘定に基づいた合理的判断により、海外への番組販売に注力しないのである。

海外市場を戦略的に開拓していく際には、長期的な視点に立ち、将来の種を蒔く覚悟で、敢えて廉価で番組を供給することが必要だという主張は一理ある。特に、これからの内需縮小や国際市場の必要性を考えれば、そういった考え方は説得力があるようにも思える。しかし近年、広告収入減少に伴って経営が厳しさを増す中で、日本のテレビ局にそのような余裕はない。

オールライツ契約の実現性

日本と諸外国を比べると、著作権法制度の違いもあるが、実際問題としては、それと並んで実務慣行の違いも存在するように思われる。著作権でがんじがらめになって、テレビ番組のマルチユースが進まないという声に対して、文化庁は、著作権の問題ではなく、契約上の問題であるとし、最初からマルチユースを想定した契約にするしかないと、かねてより反論している。

繰り返しになるが、日本ではテレビ番組は、あくまでテレビで放送されるためのものと考えられている。従って、テレビ局が権利者と取り交わしている契約は、地上波テレビ放送用に限定されており、それ以外の利用を想定していないことが多い。そもそも権利者との間に契約書は存在せず口約束だけということも珍しくないというが[4]、いずれにせよ放送番組に関する権利者の基本的なスタンスは、放送目的の使用のみの許諾であり、他の目的に利用するのであれば話が違うということになる。

しかし、番組の利用を放送だけに限定した当初の契約が、後になって、それ以外の目的で利用しようとする際の権利処理の煩雑さにつながり、結果として番組のマルチユースを阻害する要因となっているのであれば、番組製作時に、その後の様々な展開まで見据えて、各権利者から許諾を得ておけばいいのではないかという考えに至る。いわゆる「オールライツ」と呼ばれる方法であり、先のウィンドウ戦略のように、一つのコンテンツを様々なメディアで展開するためには非常に重要である。

韓国では、放送番組製作者がオールライツを得る慣行が実務面において定着しており、当初の目的以外の利用について、許諾者の許諾を得ることなく利用することができる。このように、あらかじめオールライツ契約を締結しておけば、再利用の度に新たに権利処理をする必要はない。海外展開も、コンテンツホルダーであるテレビ局やプロダクションが、自主的に判断して販売すれば良いだけの話である。

日本でも、映画はオールライツを得る契約を結ぶことが一般的だ。しかも、俳優など実演家は、映画の製作時に許諾をすれば、その後の権利行使はできないこと、いわゆる「ワンチャンス主義」が著作権法に定められている（第九一条）。従って報酬に関しても、実演家は、当初の映画出演の契約時点で、その後の映画の利用に伴う追加分について協議しておかなければならない。

そもそも映画は、その資金回収の方法として、昔から当たり前のようにマルチユースを前提として製作されてきたコンテンツである。劇場における興行だけでなく、ビデオ・ＤＶＤ化、海外での配給、有料放送および地上波放送での放映と、一つの作品は様々な市場で活用される。しか

（4）内閣府の二〇〇五年の調査では、製作者と実演家の間で交わされた契約のうち、五二・七％で契約書が存在しなかった。

も今日、メディアの多様化によって、ますますその度合いを強めている。

一方、テレビは放送開始当初、フィルムやＶＴＲ機器が非常に高価であり、テレビ局も必要最低限しかそれらを使用できなかった。テレビ番組は生放送で視聴者に届けられることが原則で、放送が終われば消えるものという認識が一般的だった。恐らく、保存して再利用するなどという発想は、初期の放送人には浮かばなかったのだろう。さらに、その後は広告市場の急拡大により、一次流通、つまりテレビ放送に伴う広告収入だけで十分な採算が取れたため、他の目的での利用に必然性が見いだせなかった。

現状では、映画の場合、そこに出演している俳優が許可しなくとも再利用できるが、テレビ番組は許可がなければ再利用できないことが多い。さて、実際問題として、あるテレビ番組の製作時、出演者らに「国内の放送だけでなく、海外市場での放送も含めた契約をしたい」と、話を持ちかけたらどうなるだろうか。メディアでの露出を自分でコントロールできないことを嫌ったり、海外で放送されても自身のイメージアップやプロモーションにはならないと判断し、難色を示す者もいるかもしれない。また、彼らが所属する事務所は当然、出演料の追加を要求するだろう。

一方、放送に伴う広告料収入と番組制作費における収支での採算性をこれまで重視してきたテレビ局にとっては、テレビ番組の利用目的を絞っておいた方が少ない支払いで済む。収益予測が難しく、高い期待もできない海外市場など二次市場での販売を見込んだ契約は、出演料の増加につながるだけで、ビジネス上の利点は少ないと判断するかもしれない。最終的には、できるだけコストを押さえたいテレビ局側の意向が働き、マルチユースを前提とした契約を締結しないのが現状と思われる。

日本の番組のコストパフォーマンス

先に記したように、海外のバイヤーたちは日本のテレビ番組の販売価格を高いと感じているようだが、より正確には割高に感じていると解釈するべきだろう。つまり、コストパフォーマンスが悪いのである。日本のテレビ番組は、お値打ち感やお得感が少なく、購入価格に見合う、あるいは、それ以上の価値が感じられないということだ。

外国のテレビ番組の日本での放送のされ方を見ていると、同じ番組が繰り返し放送されることが多いことに気づく。特に、番組予算が少ないCSのチャンネルでは、同じ番組を何度も繰り返し放送し、効率性を追求することが手法として定着している。このような傾向は海外市場においては一層顕著であり、購入する側は、日本以上に高い頻度で何度も番組を放送したいと考えることが一般的だ。

ところが、日本の番組は、そのような期待に添えないことが多い。具体的には、放送可能期間や放送回数上の制限が付くことが多いのである。第三章で紹介した、韓国のケーブルチャンネルへ販売された日本ドラマの放送条件は、二年間で二回あるいは三回放送（本放送一回＋再放送一～二回）となっていたが、このような条件は日本ドラマの場合、一般的なものである。一方、他国のドラマの場合、放送回数は無制限ということが珍しくなく、逆に放送回数制限が付いている場合、購入に対して消極的になると、日本のテレビ局の番組販売担当者ですら話している。つまり、日本の番組販売担当者は、自分たち自身が買うことを躊躇するような不利な条件で、海外に対しては売らざるを得ない状況になっているのである。

実際、韓国・MBCプラスメディアのキム・テヒ氏は、日本の番組の費用対効果の悪さを指摘する。アメリカのドラマは作品によっては値段が高いこともあるが、通常は放映回数が多く与えられるといったメリットがあるのに対し、日本のドラマは制約が多い上に安価なわけでもなく、割高に感じられると話す。

また、日本のテレビ番組の制約は放送期間および放送回数だけでなく、プロモーション活動にもかかることも多い。テレビ番組は、特にそれが馴染みないものであり、広く認知されていない場合、まず視聴者を見る気にさせることが必要になる。当然ながら、良い作品を作ったからといって、それだけで視聴者が見てくれるわけではなく、広報や宣伝を通して視聴者にその番組を知らしめ、関心を煽ることが重要になってくる。新番組の放送開始時、テレビ局が大々的に番組をプロモーションするのはそのためである。

特に、外国から入ってきた番組に対しては、一般に視聴者の知識が乏しく、注目度も少ないため、広報や宣伝が視聴者数を決定する重要な要因となりうる。海外市場における日本の番組も同様で、現地の視聴者に向けて番組のプロモーションを行うことは必須とも言えるのだが、自由に日本の番組の広報・宣伝を行えないようなケースがあるようだ。

例えば、番組の出演者の写真が使えない場合がある。実際、韓国のあるテレビ局が日本ドラマを購入し、放送する際、現地の新聞や雑誌といった活字メディアが、そのドラマに関する記事を載せてくれることになったが、ドラマ出演者の写真を掲載用に使用できなかった。同様に、番組のホームページにも出演者の写真が使用できないこともあった。これらの実例を話してくれた韓国の放送関係者は、以下のように話す。日本のテレビ番組独自の制約があることを、自分は経験上理解できるが、局の上層部や活字メディアの記者らには全く解せない。番組を放送するのに宣伝をしないつもりなのか、と。

このような宣伝上の制約は、出演者が有する肖像権、とりわけ、その出演者の肖像写真が有する経済的価値を独占的に支配する権利（パブリシティ権）に依るところが大きい。原則として、本人の許諾を得ていない肖像は、どんな場所であろうが、どんな目的であろうが使用できない。ところが、ホームページ上に掲載されれば、無断でコピーされる恐れがある。活字メディアに掲載される分には、そのような心配はないものの、出演者にとって直接の利益はないと判断されるのだろう。

この点は、番組を販売する日本側にとっても非常に頭の痛いところだ。ある日本のテレビ局の番組販売担当者は、なんとか番組販売が成立して、いざ契約を結ぶ段になって、番組の宣伝用に出演者の写真を使えないなどというのは、詐欺に等しい行為だと苦笑し、このような制約が付く

写真8·1　木村拓哉主演ドラマ『ミスター・ブレイン』の公式ホームページ（日本 TBS）

写真8·2　木村拓哉主演ドラマ『ミスター・ブレイン』の公式ホームページ（韓国 MBC エブリー１）

のは、世界中を見ても日本の番組だけだと言う。

ガラパゴス化が進む日本の番組

市場が外界から隔絶された環境下で独自の発展を遂げ、その結果として世界標準の流れからかけ離れていく状態を揶揄して「ガラパゴス化」と呼ぶ。独自に開発された先進的技術が採用されているものの、世界標準となりつつある技術とは互換性がなく、世界市場における競争力が持てない日本の携帯電話は、その代表例として挙げられることが多いが、筆者には、日本のテレビ番組も同様にガラパゴス化が進んでいるように感じられる。

海外のバイヤーが日本のテレビ番組購入をためらう理由として、放送時間数や話数が少ない点が四番目に挙げられていた。連続ドラマに限った話だが、日本の場合、話数は通常一一話ないし一二話であり、他国の連続ドラマに比べて少ない。この点に関して、海外の視聴者の考えは賛否が分かれ、早く終わり過ぎるという声がある一方で、少ない話数にストーリーが濃縮され、簡潔にまとめられている点が評価されていることを第四章に記した。

しかしながら、ドラマを購入・放送する側には、ドラマの話数が少ない点は不評である。連続ドラマの場合、いったん囲い込んだ視聴者はなかなか離れないので、テレビ局にとっては長期間にわたる放送が望ましい。逆に、日本のドラマのように、平日一話ずつ放送しても約二週間で放送終了を迎えるようでは、作品自体が話題を呼び、視聴者が増えていくといったような動きは期待しづらい。視聴習慣が根付かないようでは、当然スポンサーも付きにくいだろう。

総合的に考えると、一二話で完結する作品を二つ購入するよりは、全二四話の作品を一つ購入する方が買う側にとっては効率が良いのである。従って、たとえ優れた作品であっても、話数が少ないという理由だけで海外販売では買い手が付かないという事態を迎えてしまう可能性がある。ただし、より多い話数の連続ドラマが海外のバイヤーに好まれるとしても、日本のドラマ製作がそのような方向にシフトするとは、現状では考えにくい。日本のドラマは、あくまで日本の放送習慣に合わせて作られているからである。話数の問題の解決のためには、当初から海外市場での展開を視野に入れ、話数を増やしたドラマ製作をする必要があるだろう。しかし、海外市場を番組の二次利用の場に過ぎないと捉えている日本のテレビ局が、そのようなドラマ製作を行っていくことは現実味がない。

また、番組内で使用された外国曲を海外市場でそのまま使うためには、大変な時間的・経済的コストが必要だと先に記した。だとすれば、最初から、海外販売に係る権利処理が容易なように楽曲を使用すれば良いのではないかという考えに至る。

実は、日本と外国のテレビ番組における、あまり知られていない相違点は、番組内の楽曲使用にある。日本のあるテレビ局の番組販売担当者によると、日本の番組ほど多種多様な既製楽曲を番組内で使用することは、外国の番組では珍しく、むしろ、同じ曲を何度も流したり、スタジオ収録の番組であれば、その場で生演奏をすることもあるという（この場合、原盤の権利は関係ない)。当然、後に番組を海外に販売する段階で、権利処理の煩雑さに差が生じる。

しかし、日本の番組内での使用楽曲が多いと言っても、それらは何かしらの演出意図に沿って番組で使用されているわけであり、「海外に売りにくくなるから」という理由で特定楽曲の使用を控えることに対しては、実際に番組を制作しているスタッフの同意が得られないだろう。つまり、先ほどの話数の件同様、番組内に既存楽曲を多用するのは、日本のテレビ番組の一種の定型であり、それに日本の視聴者は慣れている。日本のテレビ番組があくまで国内での放送を前提に制作されている以上、こういった部分が変更されるとは考えにくい。

さらにもう一点、日本のドラマ製作の大きな特徴を記すならば、作品の内容や企画自体よりも、出演者に重点を置く作品が多い点である。より具体的には、若者視聴者をターゲットにした作品が多く、そのような視聴者層に人気がある俳優のみならず、アイドルを主役に据えている場合が多い。極端な場合、人気さえあれば演技力は問われない場合もある。

しかし、若い美男美女が出演し、彼らの魅力を最大限に引き出すことに主眼が置かれたドラマ作品が多いという状況は、実は、世界的に見れば珍しい。そのようなドラマであれば、視聴者層が若者に限定されてしまう。日本のテレビ局の場合、購買力のある若者層を取り込むために、そのようなドラマを意図的に製作している面があるが、海外諸国のドラマ視聴者は、もっと幅広い層にまたがっていることが一般的だ。話数が少ないこと同様、若者に人気がある芸能人が主役を務めることが多いという点は、多くの日本の連続ドラマが、作品としては日本国内仕様そのものであることの証左である。

もちろん、どこの国であれ、出演者がドラマの成功を左右する大きな要因であることは間違いない。ＪＥＴＲＯのリポートによれば、中国のあるバイヤーは海外ドラマに関して、有名な俳優が出演している作品に興味を持つと話している。俳優は視聴者を惹きつけ、作品が一定の視聴率を確保するための重要な要素と捉えられているのだが、同じような意見は、筆者がインタビューを行った複数の韓国のテレビ局の海外番組購入担当者からも聞かれた。国際的に知名度の高い俳優が集客力を持っているというのは、海外から番組を購入する者の共通認識なのかもしれない。

では、そのような認識は、日本のドラマが海外に出る場合、どのように作用するのだろうか。日本の若手芸能人が比較的よく知られている東アジアの国、例えば台湾のバイヤーは、自国で高い人気を持つ俳優やアイドルが出演する作品は視聴率が期待できると考えるだろう。しかし一方、ニッポン放送会長であり、日本映画テレビプロデューサー協会副会長の重村一は、日本のタレントの知名度が低い大半の国では、それらタレントを前面に押し出した作品を放送する意味が見いだせないと述べる（重村 二〇一〇）。世界規模で見れば、圧倒的に多くの国がそういった国々であり、そこでは恐らく日本のドラマの多くが商品力を持ちえない。

ここまでで明らかなように、日本のテレビ番組は、独自の進化を遂げる中で、日本の視聴者だけを楽しませるために、独特なスタイルを生み出してきた。国内市場のみに依拠するビジネスモデルが、それを生み出してきたと考えられる。ただ、そのようなスタイルは今日、日本の視聴者には違和感なく受け入れられている一方で、海外進出に際しては逆に障害になる可能性を秘めている。恐らく、現在のような作り方をしている限り、日本の番組の多くがガラパゴス化し、海外進出の際に苦戦を強いられることは不可避だろう。

しかし、だからと言って、これまで築いてきた番組のスタイルを見直し、日本国内仕様から海外仕様に変更するとは考えにくい。あるテレビ局の海外番組販売担当者は、「番組にとって、日本での成功が重要である点は今後も不変であり、日本で失敗しても海外で成功すればいいという考え方にはならない」と話してくれた。

さらにもう一点、記すべき点がある。日本のドラマの場合、出演者の人気への依存度が高い作品であるにもかかわらず、海外市場へのセールスプロモーションに関しては、出演者が必ずしも積極的ではないというのも特徴的だ。プロモーションの話を持ちかけても、断られることが多い。先に記したような、肖像権を理由に写真などの仕様を許諾しないという例もそうだが、自分が出演した番組が海外で放送されても、十分な利益を期待できないとか、大したメリットはないと考える風潮があるように感じられる。

実際、日本のテレビ番組が海外で放送される場合、日本の放送から半年以上過ぎている場合が多い。俳優などの出演者にとっては、それらの番組は既に終わった番組であり、わざわざ海外まで赴いてプロモーション活動を積極的に行うことは稀であるという台湾のバイヤーの談話が、JETROのリポートに記されている。バイヤーの立場からすると、せっかく日本の番組を購入して、現地で盛り上げようと一生懸命になっているのに、水を差されるような気がしてしまうかもしれない。

ちなみに映画の場合、邦画の海外市場公開に伴い、監督や出演者が現地へ赴き、プロモーション活動を行うことが着実に増えてきており、ここでも映画とテレビ番組にとっての海外市場の重要度の違いが浮かび上がる。また、テレビ番組であっても、韓国ドラマの場合、海外市場への売り込みに出演者が積極的に加わることは珍しくなく、外国での放送開始に先立って、その国を訪問し、会見を行ったりしている。外国の俳優に普段なかなか接する機会がないファンに、自分たちが大事にされていると信じ込ませる効果は大きい。

韓国のテレビ番組の海外販売を見た場合、先に記したような権利処理や放送条件における自由度の結果としての流通力のみならず、関係者が総力を合わせてセールスに取り組んでいる点が非常に印象的だが、これは取りも直さず、これまで日本がやってこなかったか、あるいは、できなかったことなのである。

韓国市場の重要性

ここまで見てきたように、アニメや漫画、ゲームなど、日本のポップカルチャーが海外に広く浸透して行く中で、あくまで国内市場だけを重視してきた結果、国際競争力を持ち合わせず、「クール・ジャパンの例外」となってしまった感のあるジャンルが、ドラマやバラエティ番組といったテレビ番組なのである。

しかしながら近年、日本のテレビ局は海外市場、特にアジア市場での番組販売に積極的に取り組み始めている。実際、二〇〇九年度の日本のテレビ番組の輸出先を地域ごとに金額ベースで見ると、最も多いのはアジアで四三・二％を占め、北米（二七・六％）、ヨーロッパ（二五・五％）が続く。遅きに逸した感がないわけではないが、これまで具体的な戦略が見えにくかったアジア市場における事業展開に意欲を示す。

しかし、「アジア」と一口で言っても、それ自体は一つの市場というよりも、それぞれが独特な性質を持つ局地市場が一連となっているのが実態である。日本のテレビ局にとっての重要なアジア市場とは、実質的には中華圏（中国語が主要言語であり、漢民族の文化的特色が支配的な地域）を指すと考えられる。実際、二〇〇六年にフジテレビが番組を販売した海外市場を見ると、四五％が台湾で、そこに中国やシンガポールを加えると八割近くに達していた。

一方、言うまでもなく、韓国は中華圏ではないものの、日本にとっては様々な面で非常に深く結びついた隣国である。市場の規模を考えると、韓国の人口は日本の三分の一程度であり、日本に比べれば小さい市場であるが、中間層の出現、上昇する可処分所得、大規模な産業再構築、そしてインフラストラクチャーの発達などが、市場の魅力を高めてきたことは確かだろう。

では、韓国は、日本のテレビ局が積極的に事業を展開するに値する重要市場と位置づけられているのだろうか。実際の番組販売の窓口となっているテレビ局側にそのような認識がないとなると、韓国で日本のテレビ番組がきちんと流通すること自体が難しくなる。以下では、筆者が本書を記すための調査でインタビューを実施した、日本の各テレビ局の海外番組販売担当者の見解のうち、主だったものを見てみる。

テレビ朝日コンテンツビジネス局の中井幹子氏は、日本と韓国ではテレビ番組の嗜好が似ている点を強調する。同様に、日本テレビコンテンツ事業局の渡辺圭史氏は、日本と韓国では価値観が近い部分があるため、韓国の視聴者にも受け入れられるようなテーマを持った日本の番組は多いだろうと話す。

これらの指摘は、本書でも取り上げたように、日本の番組の企画を真似るという手法が韓国で長年取られてきたことや、逆に、韓国のドラマが日本で一定のファンを獲得していることからも妥当だと思われる。有り体にいえば、日本と韓国の視聴者は比較的似たようなテレビ的表現で泣いたり、笑ったり、感動したりする可能性が高いのである。

しかし、TBSメディアビジネス局の杉山真喜人氏は、韓国では日本の番組への需要を新たに掘り起こさなくとも、すでに需要が存在していると指摘する一方で、韓国市場では実績が期待値を上回っていないとも述べる。その理由として、日本の番組の人気がないわけではないのに、様々な形で違法な形で流通しており、正規のビジネスが成立しにくい点、そして、韓国側の規制や日本側の著作権処理の問題など、両国の様々な事情の中で思うように番組を流通させられない点を指摘する。

似たような意見として、韓国は非常に文化が近く、大切なマーケットだが、ビジネスチャンスを逃していると話す担当者もいた。前出の中井氏も、韓国市場で日本のテレビ局ができることは色々あるはずだが、色々な規制のために、番組を出せないことが多く、非常に歯がゆく、不思議な感じがすると話してくれた。

概して、日本のテレビ局の番組販売担当者は韓国市場を、日本のテレビ番組が受け入れられやすい市場ではあるが、制度的な問題や違法流通などが障壁となり、正規なビジネスは成立しにくいと捉えているようだ。実際、これまで韓国が日本のテレビ番組の有力市場になることはなかったし、現在も潜在市場にとどまっている。

実は、今から一〇年前、来るべき日本の番組の解禁を前に、日本のテレビ局には韓国のバイヤーから番組の買い付けに関する打診が相次ぐなど、水面下での動きが活発化していた。当時日本のテレビ局は、将来的に韓国は台湾と同程度の市場になることが期待できるとしていたが、そのような期待が実現することは今日までなかったのである。

しかし現在、日本のテレビ局にとっては商機が訪れようとしている。第一章に記したように、二〇一一年一二月、韓国で新たに四つの新聞社系の総合編成ケーブルチャンネルが放送を開始したが、それに向けて日本の各テレビ局では動きが活発化している。一挙に新局が増えるため、絶対的な番組不足という現象が生じており、既存のケーブルチャンネルも含めて、日本のテレビ番組の引き合いが強まっているという。

今後の韓国における展開

このような現状を踏まえ、最後に、日本のテレビ番組を今後どのように韓国市場でビジネスとして展開すれば良いのかを考えてみたい。ただし、韓国市場を視野に入れて、特別にコンテンツを作るとか、話数を増やすといった、今日の日本の番組制作そのものを転換するのではなくて、あくまで日本のテレビ放送用に作られた番組というコンテンツを、どのように韓国という二次市場で運用していくかという、現実的な視点で考えてみたい。

まず急務とも言えるのは、番組販売に際して送信可能化権を付帯すること、つまり、インターネットでも配信できるようにすることではないだろうか。これは、韓国で日本の番組を見る視聴者層が主に若者であり、彼らにとってテレビ番組をインターネット経由で視聴することが定着していることを考えれば、当然と言える。要は、番組内容を現地に合わせる事はしないが、流通方法を現地の視聴スタイルに合わせるという考え方である。

実際、日本の番組販売担当者が、韓国のバイヤーとの交渉の席でインターネットでの配信権を求められることは多い。しかし、現実には認められることはなく、そのことがバイヤーにとっての日本の番組の価値低下につながっていることは否めない。また、インターネット配信が認められなかったばかりに、番組販売自体が成立しなかったことも、これまで少なくなかったようだ。韓国のバイヤーは、番組のテレビ放送とインターネット配信を一体にして考えているのである。

実は、インターネット配信を認めることには、もう一つ大きな意義がある。第五章に記したように、現在韓国では、日本のテレビ番組をインターネット上で視聴することは、きわめて一般的であるが、そのほとんどは違法ダウンロードである。韓国のテレビ局などの事業者は、正規で番組をインターネット配信できるとなれば、自分のビジネスを守るため、現在は野放しとなっている違法動画ファイルの削除要請に乗り出す可能性は高いのではないだろうか。現に彼らは、自分たちが著作権を有する韓国の番組の違法流通摘発には、非常に熱心に取り組んでいる。

実現のための問題は、これまで本章で論じてきたように、権利処理ということになる。日本国内向けでさえ、遅々として進まないテレビ番組のインターネット配信が、海外市場で可能になるはずがないという意見もあるだろう。確かに、日本のテレビ局が番組を海外でインターネット配信することに積極的になったという話は、あまり聞かないが、皆無というわけでもない。

例えば、テレビ局や映画会社などが正式に提供する作品だけを扱うアメリカの動画配信サービスであるＪｏｏｓｔやＨｕｌｕに注目が集まっているが、そこでは日本テレビの『ダウンタウンのガキの使いやあらへんで!!』や『進め！　電波少年』などのバラエティ番組が視聴できる。これらのサイトへのアクセスはアメリカ内からに限定されているものの、日本でインターネット上には流れていない、これらの番組が正式に配信されているのである。これと同じことを、韓国のサイトでもできるようにすれば良いのではないか。

このようなところへ、テレビ朝日の人気バラエティ番組『ロンドンハーツ』が、二〇一一年一一月から韓国のインターネット動画配信サイト「Funny Japan. tv.」を通じて配信されることになったというニュースが入ってきた。日本での放送が終わってから数時間以内に韓国語字幕付きで配信される有料サービスであり、一回の視聴料金は一〇〇〇ウォンで、ダウンロード数が二万を超えると利益が出てくるという。当然、採算性を見込んでの展開だろうし、これが成功すれば、今後こういった動きが加速する可能性はある。

さらに、韓国市場での積極的な戦略として、テレビ番組を単発的に輸出することにとどまらず、他の商品と連動する方法が考えられる。これは、映画やアニメ、漫画、小説、雑誌などとのメディアミックス、あるいは、アイドルやタレント、さらには観光業や製造業など、すでに韓国市場に進出しているか、あるいはこれから進出を目指す企業や商品のマーケティングと一体化し、相乗効果を目指す形でビジネスを展開していくものである。

例えば漫画は、タイトルによっては韓国語版が日本での発行部数を上回ることもあり、また、韓国の小説市場は、村上春樹や東野圭吾など日本人作家の作品が席巻している。韓国でも人気が高い日本の漫画や小説を原作に持つドラマの場合、番組プロモーションに、それら原作作品の人気をうまく利用できないだろうか。あるいは、映画化されたドラマがあるとすれば、その映画作品が公開されるタイミングでドラマを販売することで、相乗効果を狙えるかもしれない。このようにして、現在必ずしも日本のテレビ番組のファンではない層の関心を喚起するのである。

一方、タレントやアイドルは、自分が出演する番組が韓国に販売されることに積極的になれないかもしれないが、過去には、ドラマがきっかけとなり、ある国で爆発的に人気が出たケースは多い。例えば、酒井法子は一九九〇年代中盤以降、台湾や香港をはじめ中華圏で非常に人気が高かった。これは、『ひとつ屋根の下』や『星の金貨』がそれらの国で放送されたことに負うところが大きい。二〇〇九年、彼女が覚醒剤取締法違反で有罪判決を受けた際は、それらの国々でも盛んに報道され、インターネットの掲示板には、彼女への思いを綴った書き込みが溢れた。

確かに、出演者にとって番組の海外販売で得られる収益は、それほど大きいものではなく、近視眼的に見れば魅力的なビジネスではないかもしれない。しかし、大局的かつ長期的な視点に立てば、番組の海外販売は、自分が外国市場へ進出する足掛かりになる可能性を秘めている。

また、テレビ番組に限らず、海外へ向けて日本のコンテンツを発信することは、そのコンテンツと関連する日本国内ロケーションへの観光客誘致や、製品の輸出増加などの経済波及効果が期待される。こういった話は、コンテンツ輸出を推進する経済産業省などが繰り返し唱えてきており、別に目新しい話でもないが、実際にテレビ番組との連動で戦略的に実行に移された事例は、これまで多くなかったように思う。

このようにテレビ番組と、それに関連する企業が、手を取り合って韓国市場で展開することが重なれば、結果として大きな輪となり、韓国で日本のポップカルチャーが流行する可能性がある。そうすれば、日本製であること自体の価値が高まり、後続するテレビ番組への注目度も上がるようになっていくという、いわば「正のスパイラル」とも呼ぶべき循環が起きるのである。韓国のように、いまだに反日感情が残る国でそのような動きが起こるはずがないという意見もあるだろうが、テレビ番組をきっかけとして、韓国で日本ブームを起こしたいという話は、実は複数の日本のテレビ局の海外番販担当者から聞かれたものである。

日本国内での事業活動を見ていると、日本のテレビ局や広告代理店は、このような他業種連動型ビジネスを仕掛けるのが非常に上手い。要は、そのノウハウを韓国市場で生かせば良いわけだが、その実現可能性は結局のところ、動きの中で中心的な役割を担うことになる日本のテレビ局のモチベーション次第なのである。

あとがき

テレビ番組は大衆文化製品であり、多くの場合、そこには文化的価値のみならず、商業的価値も含まれている。近年、アニメーションや映画など、日本の映像コンテンツに対する国際的評価は高まりを見せており、それに呼応するかのように、海外市場におけるコンテンツビジネスのスキームが勘案され、実際に戦略として遂行されている。テレビ番組の国際展開を考える際、日本市場と親和性が高い海外市場の一つと思われる韓国市場で、日本のテレビ番組が商品力を持たないとすれば、それは非常に興味深い事例である。本書が、今後の日本のテレビ番組の国際戦略を考える一助となれば幸いである。

一方で、テレビ番組が持つ文化的価値は、日本と韓国の間では特別な意味を持つ。二一世紀になり、日本と韓国が過去の不幸な歴史を乗り越え、未来志向の関係を築くことの重要性が盛んに喧伝されるようになった。日韓共同体といった構想がもてはやされ、中でも、一般国民の間に等身大の相互理解と共感を生むため、大衆文化に期待を寄せる声が高まった。過大評価は禁物だが、ある国の大衆文化への接触と、その国に対する肯定的な関心や親近感を高める可能性との相関性は否定できないだろう。実際、韓国のテレビ番組が大量に日本に入ってきたことにより、日本人の中で韓国に興味を覚えたり、親しみを感じる人が増えたことは間違いない。

しかし、テレビ番組が二国間の相互理解の一助となり、国際交流を促進するためには、当然だが、どちらかの国からのみ一方的に流れるのではなく、双方向的な流れが実現されなければならないだろう。その意味で、韓国から日本へのテレビ番組の一方的流入という、非常にいびつな形ができてしまっている現状は、両国の文化交流が、いまだ発展途上であることを物語っている。微力ではあるが、本書が、テレビ番組を通した今後の日韓文化交流に貢献することを願ってやまない。

さて、本書は二〇〇九年頃から筆者が行ってきた「韓国における日本製テレビ番組の流通に関する研究」をまとめたものである。これまで学術論文を発表したり、学術書を出版する機会に恵まれてきたが、今回の研究はそういった形ではなく、一般図書として世に問いたいという思いが強かった。理由は単純で、研究者や実務家だけでなく、メディアを学ぶ学生や韓国に関心がある人、あるいは韓国を好きになれない人等々、幅広い層の人々が手に取り、本書の提起する問題を考えてみてほしかったからである。研究論文では見かけないような主観や個人的経験を多少交えているのも、そういった記述が、より多くの読者の問題理解につながるのではないかと考えたからである。

実のところ、「テレビ」と「韓国」という、これまでの人生で深く関わってきた二つのテーマを結びつけ、このような形で出版することができるとは、ほんの数年前まで全く想像しなかった。自分では原点回帰のような感覚もあるのだが、しかし一方で、実際の調査から執筆に至る作業は新しい発見も多く、大変興味深いものだった。このような研究や出版を可能にしてくれたのは、多くの方々の後押しであり、そういった方々への感謝の念と謝辞をもって本書を終えたいと思う。

＊＊＊

まず、インタビューなどで調査に協力してくれた、多数の日韓のテレビ局員、放送やコンテンツ政策の担当者、そしてフォーカスグループに参加してくれた韓国人視聴者に御礼申し上げます。これらの方々から得た貴重な生データが、本書の内容に説得力やリアリティをもたらしていることは明らかです。実名とともにコメントを紹介させて頂いている方から、匿名で話を聞かせてくれた方まで、対応は様々ですが、皆一様に現状への危機感や違和感を口にしていたことが非常に印象的でした。つまり、誰も日韓のテレビ番組流通が現在のままでよいとは考えていないのであり、そのような気持ちが融合して本書を誕生させたのだと思います。

また、上記のような調査協力者を探すにあたっては、多くの方々に仲介役をお願いしました。特に、日本テレビコンテンツ事業局国際事業部の手柴英斗君には、大変お世話になりました。日本テレビに同期で入社して以来、長くお付き合いさせて頂いていますが、今回の調査でも、インタビュー対象者を選ぶにあたり、誰からも慕われる手柴君の幅広い人脈に頼る部分が大きかったです。どうもありがとうございました。

そして、編集を担当して頂いた人文書院の松岡隆浩さんのご尽力なしには、本書がこのように刊行されることはなかったでしょう。出版企画に対する独特な目利きやセンス、また、仕事におけるスピード感など、松岡さんには編集者としての非凡な才能を感じさせられますが、実は様々な研究会に足しげく通っていらっしゃる努力の人です。企画を形あるものにして頂いたことに対して改めて感謝する次第です。

本書の装丁は上野かおるさんに、装画は奈路道程さんにお願いしました。センスの良いデザインとポップなイラスト、ありがとうございます。

最後に、「韓国における日本製テレビ番組の流通に関する研究」は、公益財団法人放送文化基金から平成二一年度助成、そして佛教大学から平成二二年度特別研究費を受けました。この場を借りて謝意を表します。

二〇一二年三月

大場　吾郎

日本の大衆文化の開放－ドラマ」（http://rki.kbs.co.kr/japanese/korea/program_seoulreport_detail.htm?No=166）
KBS World（2010年10月21日）「新聞購読率の下落続く」（http://world.kbs.co.kr/japanese/news/news_Dm_detail.htm?No=38022）
Newsweek（2004年２月25日）「日本製 TV ドラマの甘く危険な魅力」p. 50
NHK（2010年６月）「平成21年度決算概要」（http://www.nhk.or.jp/pr/keiei/kessan/h21/pdf/gaiyou21.pdf）
NHK 放送文化研究所（2010）『NHK データブック　世界の放送2010』ＮＨＫ出版
PARK, Jang Soon（2011）. "Korea's first television system and TV drama"（http://www.ibcm.tv/skin/board/register/daily_example.html）
Radiofly（2009年５月15日）「テレビジョンの黎明期（1953-1959）」（http://radiofly.to/wiki/?%C7%AF%C9%BD%A3%B3%A3%C2）
Wikipedia（2011）"International versions of Family Feud"（http: //en.wikipedia.org/wiki/International_versions_of_Family_Feud）
WoW! Korea（2010年３月２日）「日本専門チャンネル，韓国人の視点で日本文化を紹介」（http://www.wowkorea.jp/news/Korea/2010/0302/10068187.html）

間書店
八代英輝（2005）『コンテンツビジネス・マネジメント』東洋経済新報社
八代英輝（2006）『コンテンツビジネスによく効く，著作権のツボ』河出書房新社
柳本通彦（1993）「戦国時代に突入した東アジアのテレビ王国」アジアプレス・インターナショナル編『アジア TV 革命　国境なき衛星放送新時代の幕開け』（p. 95–110）三田出版会
山下玲子（2002）「韓国若者のマンガ・アニメ意識と日本アニメの韓国進出状況」朴順愛，土屋礼子編著『日本大衆文化と日韓関係　韓国若者の日本イメージ』（p. 97–117）三元社
山田奨治（2009）「海賊版映像のディスク分析」谷川健司，王向華，呉咏梅編著『拡散するサブカルチャー　個室化する欲望と癒しの進行形』（p. 53–81）青弓社
ユ・ガンムン（1997）「韓国のテレビは日本の番組がお好き？」仁科健一，舘野　晳編『韓国マスコミ最前線』（p. 7–15）社会評論社
読売新聞（2005年 6 月 6 日）「放送と通信，著作権絡み進まぬ融合」（http://www.yomiuri.co.jp/net/feature/20050606nt07.htm）
四方田犬彦（2001）『ソウルの風景　記憶と変貌』岩波新書
ヨンハプ・ニュース（1999年 8 月 2 日）「放送委，日本番組モニターへ　剽窃対応」（韓国語）（http://news.naver.com/main/read.nhn?mode=LSD&mid=sec&sid1=103&oid=001&aid=0004461485）
リ・ドンフー（2010）「視聴者へのグループインタビュー調査　分析と報告（ソウル）」（「放送文化基金35周年記念国際シンポジウム報告書　テレビがつなぐ東アジアの市民」より）
CNET Japan（2008年 8 月 6 日）「JASRAC がパンドラ TV を提訴　著作権侵害動画の削除要求拒否で」（http://japan.cnet.com/news/media/20378417/）
J-Cast ニュース（2008年11月12日）「違法ダウンロード横行にまいった　韓国 DVD 事業からハリウッド勢全面撤退」（http://news.livedoor.com/article/detail/3897550/）
KBS World（2004年 1 月 8 日）「韓国のお茶の間で日本ドラマを見る」（http://rki.kbs.co.kr/japanese/korea/program_seoulreport_detail.htm?No=150）
KBS World（2004年12月 2 日）「ここが知りたい，その後のソウルリポート

『月刊放送ジャーナル』(p. 56-61)
塙和磨(2004年8月)「世界の公共放送　デジタル時代の課題と財源　第1回韓国　広告収入依存からの脱却をめざすKBS」『放送研究と調査』NHK放送文化研究所(http://www.nhk.or.jp/bunken/research/kaigai/kaigai_04080101.html)
林夏生(1999)「韓国の文化交流政策と日韓関係」平野健一郎編『国際文化交流の政治経済学』(p. 231-258)勁草書房
黄允一(2006年9月)「日本の大衆文化開放による日韓視聴者の受け手研究」放送文化基金(http://www.hbf.or.jp/grants/topics/0603_01.html)
福井健策(2005)『著作権とは何か　文化と創造の行方』集英社
文化体育観光部(2003年12月30日)「報道資料　日本大衆文化4次追加開放計画発表」(韓国語)(http://www.mcst.go.kr/web/notifyCourt/press/mctPressView.jsp?pSeq=5859)
文化庁(2004年6月)「過去の放送番組の二次利用の促進に関する報告書」(http://www.bunka.go.jp/1tyosaku/pdf/kakohousou_houkokusho.pdf)
文化庁(2008年4月)「韓国における著作権侵害対策ハンドブック　別冊」(http://www.bunka.go.jp/chosakuken/kaizokuban/pdf/korea_singai_bessatsu.pdf)
裵元基(2009)『失敗しない「韓国ビジネス」のオキテ』講談社
彭元順(1991)『韓国のマスメディア』電通
彭元順(1994)「韓国への日本文化進出とその規制」山本武利編著『日韓新時代　韓国人の日本人観』(p. 23-49)同文舘
放送通信委員会(2010)「2010年放送産業実態調査報告書」(韓国語)(http://www.korea.kr/expdoc/viewDocument.req?id=27877)
マイコミジャーナル(2007年1月29日)「1つの時代に幕　韓国最大手のパソコン通信サービスが終了」(http://journal.mycom.co.jp/news/2007/01/29/383.html)
マイデイリー(2007年4月16日)「ソロモンの選択制作陣　剽窃ではなく版権交渉中」(韓国語)(http://www.mydaily.co.kr/news/read.html?newsid=200704161725051118&ext=Y)
水野俊平(2003)『韓国の若者を知りたい』岩波書店
森枝卓士(1988)『虫瞰図で見たアジア　おしん・北国の春・ドラえもん』徳

html)
日経トレンディネット（2011年12月14日）「バラエティでは初！　『ロンドンハーツ』を韓国で有料配信するテレビ朝日の狙い」（http://trendy.nikkeibp.co.jp/article/pickup/20111208/1038916/?ST=life&P=1）
日経 BP（2010年 2 月 8 日）「2009年12月の BS デジタル放送接触率，四つの時間帯すべてで増加」（http://www.nikkeibp.co.jp/article/news/20100208/209542/）
日本貿易振興機構（2007年 3 月）「韓国におけるコンテンツ市場の実態」（http://www.jetro.go.jp/jfile/report/05001428/05001428_001_BUP_0.pdf）
日本貿易振興機構（2008年 3 月 a）「中国（北京）コンテンツ市場関係者ヒアリングレポート」（http://www.jetro.go.jp/jfile/report/05001591/05001591_002_BUP_0.pdf）
日本貿易振興機構（2008年 3 月 b）「台湾コンテンツ市場関係者ヒアリングレポート」（http://www.jetro.go.jp/jfile/report/05001590/05001590_004_BUP_0.pdf）
博報堂アジア生活者研究プロジェクト（2002）『アジア・マーケティングをここからはじめよう』PHP 研究所
パク・イナ（1997）「ビデオアングラ市場でトトロが元気だ」仁科健一，舘野晳編『韓国マスコミ最前線』（p. 101-109）社会評論社
パク・ソヨン（2004）「インターネットにおける日本ドラマ流通とファンの実践文化」（平田由紀江訳）毛利嘉孝編『日式韓流　「冬のソナタ」と日韓大衆文化の現在』（p. 203-229）せりか書房
パク・ジョウォン（2005）「日本大衆文化全面開放の影響および波及効果」（韓国語）韓国文化観光戦略研究院
朴順愛（1994）「韓国マスコミの日本報道」山本武利編著『日韓新時代　韓国人の日本人観』（p. 51-77）同文舘
朴順愛（2002）「日本大衆文化の流入現状と市場」朴順愛，土屋礼子編著『日本大衆文化と日韓関係　韓国若者の日本イメージ』（p. 35-62）三元社
橋本秀一（1998）『アジア太平洋情報論』酒井書房
橋本秀一（1999年 3 月）「自立を促す韓国の放送政策」『放送研究と調査』（p. 3-8）NHK 放送文化研究所
長谷川朋子（2010年 1 月）「MIPTV2010　必見！世界に売れるコンテンツ」

人気」(http://japanese.chosun.com/site/data/html_dir/2007/08/13/20070813000011.html)
チョン・クンギ(2011年1月)「2011年放送市場展望と地上波放送」『放送文化』(p. 26-31, 韓国語)(http://www.kba.or.kr/magdb/pdf/201101_05.pdf)
丁淑喜(1999年12月6日)「韓国TV界パクリ横行」『AERA』(p. 28-30)
鄭淳日(1999年3月)「韓国の放送と日本の大衆文化〜締め出しから開放までの半世紀」『放送研究と調査』(p. 9-21)NHK放送文化研究所
鄭澄(2005)「韓国の日本大衆文化受容の実態と課題」内藤光博, 古川純編『東北アジアの法と政治』(p. 123-156)専修大学出版局
電通(2010年2月22日)「ニュースリリース」(http://www.dentsu.co.jp/news/release/2010/pdf/2010020-0222.pdf)
東京新聞(2006年7月25日)「番組作りのレシピ, 海外へ」
徳留尚弥(1994)『韓国シティカタログ』トラベルジャーナル
戸村栄子(2000年5月)「アジアにおける放送番組規制(3) 韓国」『放送研究と調査』(p. 44-51)NHK放送文化研究所
東亜日報(1999年1月14日)「韓日大衆文化同伴時代5 アニメーション」(韓国語)(http://news.donga.com/Series/List_70070000000080/3/70070000000080/19990114/7412157/1)
東亜日報(2007年10月23日)「フォーマット著作権 テレビ番組の新たな販売形態として脚光」(http://japan.donga.com/srv/service.php3?biid=2007102342438)
内閣府(2006)「コンテンツをめぐる課題(参考資料)」(http://www.kantei.go.jp/jp/singi/titeki2/tyousakai/contents/kikaku3/siryou2.pdf)
中村知子(2004)「韓国における日本大衆文化統制についての法的観察」『立命館国際地域研究』第22号(p. 259-276)
西岡洋子(2000)「番組流通市場」菅谷実, 中村清編『放送メディアの経済学』(p. 133-150)中央経済社
西日本新聞(2006年4月2日)「韓国に日本専門チャンネル CATV24時間放映へ バラエティ番組など幅広く」(http://www.nishinippon.co.jp/news/World/Asia/hangryu/report/bn/bn2006_04.html)
日経デジタルコア(2002年10月30日)「韓国の放送と通信の融合に見るITパワーの源泉」(http://www.nikkei.co.jp/digitalcore/report/021030/index.

sectcode=110)
中央日報（2007年９月22日）「創刊42周年国民意識調査　嫌いな国，模範とする国どちらも日本」(http://japanese.joins.com/article/404/91404.html?sectcode=&servcode)
中央日報（2009年７月22日）「SBS 週末バラエティ番組スターキング　日本の映像を盗用」(http://japanese.joins.com/article/248/118248.html?sectcode=700&servcode=700)
中央日報（2010年２月１日）「韓日中文化コンテンツ戦争　米国市場を狙う日本放送（１）」(http://japanese.joins.com/article/822/125822.html?sectcode=&servcode=)
中央日報（2011年３月28日）「社説　違法コピーを根絶してこそコンテンツ産業が生きる」(http://japanese.joins.com/article/article.php?aid=138561&servcode=100&sectcode=110)
著作権情報センター（2009年３月）「映像コンテンツに係る諸外国の契約実態調査などに関する委員会報告書」(http://www.bunka.go.jp/chosakuken/pdf/houkokusho_091216.pdf)
朝鮮日報（2002年10月29日）「もう一度見たい思い出のアニメに『赤毛のアン』」(http://japanese.chosun.com/site/data/html_dir/2002/10/29/2002102900045.html)
朝鮮日報（2003年11月11日）「韓国 KBS の新バラエティがトリビアの泉にそっくり？」(http://japanese.chosun.com/site/data/html_dir/2003/11/11/2003111100076.html)
朝鮮日報（2004年１月13日）「解禁の日本ドラマ　視聴率低迷の理由は？」(http://japanese.chosun.com/site/data/html_dir/2004/01/13/20040113000081.html)
朝鮮日報（2004年１月20日）「不調の日本ドラマ　2000年以降の作品で挽回するか」(http://japanese.chosun.com/site/data/html_dir/2004/01/20/20040120000021.html)
朝鮮日報（2004年６月30日）「日本ドラマの視聴率が低調　反響も少なく」(http://japanese.chosun.com/site/data/html_dir/2004/06/30/20040630000025.html)
朝鮮日報（2007年８月13日）「韓国でひそかな日本ドラマブーム　20代女性に

ン放送事業者の収支状況」(http://www.soumu.go.jp/main_content/000080621.pdf)
総務省（2011年7月）「メディア・ソフトの制作及び流通の実態　調査結果について」(http://www.soumu.go.jp/iicp/chousakenkyu/data/research/seika/houkoku/2011-2-1.pdf)
竹内冬郎（2005年12月）「放送番組の流通　著作権をめぐる疑問を解く（2）権利処理を簡単にできないか？」『放送研究と調査』(p. 34-45) NHK放送文化研究所
多田信（2002）『これがアニメビジネスだ』廣済堂
田中則広（2010年7月）「韓国KCC（放送通信委員会）とKCSC（放送通信審議委員会）政治からの独立性は保てるか」『放送研究と調査』(p. 46-57) NHK放送文化研究所
田中則広（2010年8月）「韓国KBSが受信料値上げ案を提示」『放送研究と調査』NHK放送文化研究所 (http://www.nhk.or.jp/bunken/book/media/media10080102.html)
田中則広（2010年11月）「シリーズ公共放送インタビュー　第5回韓国」『放送研究と調査』(p. 86-91) NHK放送文化研究所
玉置直司（2010）「韓国における放送法改正の意義」『AJ Journal』第5号 (p. 59-72)
中央日報（2002年2月18日）「日本語使用ドラマのテレビ放映，どこまでOK？」(http://japanese.joins.com/article/j_article.php?aid=24131&servcode=700&sectcode=700)
中央日報（2003年11月20日）「社説　日本の番組のまねを恥と知れ」(http://japanese.joins.com/article/954/45954.html?servcode=100&sectcode=100)
中央日報（2003年11月30日）「KBSとSBS，フジテレビのひょう窃反質問書に反論」(http://japanese03.joins.com/article/246/46246.html?sectcode=700&servcode=700)
中央日報（2004年6月3日）「『ゴースト囲碁王』，不自然な画面処理で視聴者ら不満」(http://japanese.joins.com/article/387/52387.html?sectcode=&servcode=)
中央日報（2007年4月11日）「社説　著作権意識ワンランク上げる時だ」(http://japanese.joins.com/article/j_article.php?aid=86403&servcode=100&

清水知子（2004）「犬はあなたで，犬はわたし　アニメ『フランダースの犬』の旅をめぐって」岩渕功一編『超える文化，交錯する文化　トランス・アジアを翔るメディア文化』（p. 44-65）山川出版社
沈成恩（2010）「テレビドラマの国際流通　文化発信から経済活動の領域へ」第19回 JAMCO オンライン国際シンポジウム（http://www.jamco.or.jp/2010_symposium/jp/008/index.html）
週刊東洋経済（2008年11月15日）「テレビ局の革新　欧米にはないゲームショー番組企画を世界で売る」（p. 66）
菅谷実（2000）「放送メディアと市場の特性」菅谷実，中村清編『放送メディアの経済学』（p. 1-12）中央経済社
菅谷実，劉雪雁，金美林（2005）「総論　日本・中国・韓国のメディア制度と環境」菅谷実編『東アジアのメディア・コンテンツ流通』（p. 1-42）慶應義塾大学出版会
スターニュース（2007年4月16日）「'無限挑戦' 盗作論難に MBC，話にならない」（韓国語）（http://star.moneytoday.co.kr/view/star_view.php?type=1&gisano=2007041615243531238）
スターニュース（2009年7月22日）「道徳性叱責　SBS スターキング廃止しろ署名運動」（韓国語）（http://star.mt.co.kr/view/stview.php?no=2009072215233065630&type=1&outlink=1）
砂川浩慶（2000）「番組流通と著作権」菅谷実，中村清編『放送メディアの経済学』（p. 173-186）中央経済社
スポーツソウル（2003年12月9日）「放送剽窃　古ぼけた，しかし熱い論議」（韓国語）（http://news.sportsseoul.com/read/entertain/34772.htm?ArticleV=old）
総務省（2005）「メディア・ソフトの制作及び流通の実態　調査報告書」（http://www.soumu.go.jp/iicp/chousakenkyu/data/research/survey/telecom/2005/2005-1-01-3.pdf）
総務省（2009年3月）「放送コンテンツの海外展開に向けて」（http://www.soumu.go.jp/main_content/000021821.pdf）
総務省（2010）「世界情報通信事情　韓国」（http://g-ict.soumu.go.jp/country/korea/detail.html）
総務省（2010年9月22日）「平成21年度の一般放送事業者及び有線テレビジョ

京畿日報（2006年10月２日）「トゥニバース，エニワン TV などに過怠料処分」（韓国語）（http://www.ekgib.com/news/articleView.html?idxno=208239）
京郷新聞（1976年11月22日）「長編漫画映画　製作本格化」（韓国語）
京郷新聞（2007年４月23日）「日本 TV　小道具・アイディア借用　タイ焼きが笑う娯楽番組」（韓国語）（http://news.khan.co.kr/kh_news/khan_art_view.html?artid=200704231737131&code=960801）
京郷新聞（2008年４月15日）「韓国最初の長編アニメ『ホン・ギルドン』40年ぶりに復活」（韓国語）（http://news.khan.co.kr/kh_news/khan_art_view.html?artid=200804151539492&code=960401）
クォン・ヨンソク（2010）『「韓流」と「日流」　文化から読み解く日韓新時代』ＮＨＫ出版
国民日報（2009年８月11日）「EBS も日本放送剽窃　科学実験サイフォン」（韓国語）（http://news2.kukinews.com/article/view.asp?page=1&gCode=kmi&arcid=0921382805&cp=nv）
国民日報（2009年９月11日）「テコンＶはマジンガーＺの盗作？　外国サイトで物議再燃」（韓国語）（http://news.kukinews.com/article/view.asp?gCode=all&arcid=0921418472）
小針進（2001）「韓国における日本大衆文化とその開放措置」石井健一編著『東アジアの日本大衆文化』（p. 75-112）蒼蒼社
小針進（2004）『韓国人は，こう考えている』新潮社
産経新聞（2007年３月16日）「知はうごく　コンテンツ力」（http://www.sankei.co.jp/culture/enterme/070316/ent070316000.htm）
産経新聞（2010年６月19日）「嫌われる日本色 TV 番組」
産経新聞（2010年６月19日）「番組売り込み大作戦（下）笑いのツボ　鉱脈に」（http://sankei.jp.msn.com/entertainments/media/100619/med1006190800002-c.htm）
産経新聞（2011年１月29日）「領土問題は商売に支障？」（http://sankei.jp.msn.com/world/news/110129/kor11012907420001-n1.htm）
重村一（2010）「日本のドラマが海外展開，国際交流に消極的だった構造的理由の考察　日本特有の放送制度とその発展過程から」第19回 JAMCO オンライン国際シンポジウム（http://www.jamco.or.jp/2010_symposium/jp/003/index.html）

菅野朋子（2005）『好きになってはいけない国。韓国発！日本へのまなざし』文藝春秋
金廷恩（2006）「韓国における日本のテレビソフトの移植　韓国制作者の日本製ソフト受容を中心に」『マス・コミュニケーション研究』第68号（p. 148-165）
金正勲（2007）「韓国の放送コンテンツ振興政策」菅谷実，宿南達志郎編『トランスナショナル時代のデジタル・コンテンツ』（p. 235-255）慶應義塾大学出版会
金先喜（2010）「韓国のアニメーション史に関する一考察」『徳間記念アニメーション文化財団年報2009 - 2010 別冊』（p. 49-86）徳間記念アニメーション文化財団
金仙美（2005）「日本と韓国のしつけ文化　『クレヨンしんちゃん』の表現に対する母親の反応から」『東北大学大学院教育学研究科研究年報』第54巻１号（p. 109-121）
金宅煥，李相福（2005）『韓国が警告するメディア・ビッグバン』（久保直子，蔡七美訳）白夜書房
金学泉（2002）「日本大衆文化の開放」朴順愛，土屋礼子編著『日本大衆文化と日韓関係　韓国若者の日本イメージ』（p. 15-34）三元社
キム・ヒョンミ（2004）「韓国における日本大衆文化の受容とファン意識の形成」（平田由紀江訳）毛利嘉孝編『日式韓流　「冬のソナタ」と日韓大衆文化の現在』（p. 162-202）せりか書房
金珉庭（2009）『韓国のメディア・コントロール』V2ソリュージョン
金泳徳（2002）「韓国における日本製番組流通とその受けいれ」朴順愛，土屋礼子編著『日本大衆文化と日韓関係　韓国若者の日本イメージ』（p. 63-77）三元社
金泳徳（2004）「日本ドラマの編成実態と受容現況」（韓国語）韓国放送映像産業振興院（www.kofice.or.kr/z99_include/filedown6_1.asp）
金泳徳（2010）「韓国における日本映像文化の受容と対日認識の変化」大野俊編『メディア文化と相互イメージ形成　日中韓の新たな課題』（p. 77-100）九州大学出版会
共同通信（2009年10月７日）「TV フォーマット利用調査リポート　FRAPA が公表」（http://prw.kyodonews.jp/open/release.do?r=200910075356）

参考文献

朝日新聞（1995年7月29日）「日本文化　浸透すれど抵抗も」（3面）

朝日新聞（2009年7月25日）「日韓ドラマ壁越えて　脚本家が交流・合作」（http://www.asahi.com/showbiz/tv_radio/TKY200907250073.html）

飯塚留美（2002）「ブロードバンド最新国・韓国のサービス&アプリケーション事例　第3回・韓国のインターネットと著作権」NTT Comware（http://www.nttcom.co.jp/comzine/archive/forum/sep3.html）

飯塚留美（2005）「韓国メディアにおける通信と放送の融合」菅谷実編『東アジアのメディア・コンテンツ流通』（p. 163-184）慶應義塾大学出版会

井沢元彦，呉善花（2006）『やっかいな隣人韓国の正体　なぜ「反日」なのに，日本に憧れるのか』祥伝社

石丸次郎（1993）「文化侵略は恐し，されど衛星放送は見たし」アジアプレス・インターナショナル編『アジア TV 革命　国境なき衛星放送新時代の幕開け』（p. 167-182）三田出版会

伊集院礼子（1999年3月）「韓国における日本の放送番組解禁と日本放送界の動き」『放送研究と調査』（p. 28-29）NHK 放送文化研究所

月刊朝鮮（2000年1月）「2000年韓国人百科事典」朝鮮日報

梅田康宏，中川達也（2008）『よくわかるテレビ番組制作の法律相談』角川学芸出版

オ・スジョン（2008年8月）「2008言論受容者意識調査　媒体利用程度および形態変化」『新聞と放送』（p. 62-66，韓国語）韓国言論財団

綛谷智雄（2000）「社会を映し出す大衆文化　文化商品で読み解く韓国の現代文化」小林孝行編『変貌する現代韓国社会』（p. 163-187）世界思想社

金山勉（2005）「東アジアの主要拠点が発信する映像コンテンツの概観とその比較検討」菅谷実編『東アジアのメディア・コンテンツ流通』（p. 185-217）慶應義塾大学出版会

韓国放送映像産業振興院（2003年3月31日）「動向と分析　韓国ドラマの日本進出　現況と展望」（韓国語）（http://www.kocca.kr/knowledge/trend/abroad/171.pdf）

著者略歴

大場吾郎（おおば・ごろう）

現在，佛教大学社会学部准教授（メディア産業論，コンテンツビジネス論）

1968年生。慶應義塾大学文学部（社会学専攻）卒業後，日本テレビ放送網株式会社入社。2001年退社後，ミシガン州立大学で修士課程，フロリダ大学で博士課程を修了。2006年，京都学園大学人間文化学部専任講師となり，2008年から現職。慶應義塾大学在籍中の1989年から1990年，韓国・延世大学留学。

著書に，『グローバル・テレビネットワークとアジア市場』（文眞堂，2008年），『アメリカ巨大メディアの戦略：グローバル競争時代のコンテンツビジネス』（ミネルヴァ書房，2009年）がある。

Twitter アカウントは@ obagoro

ISBN 978-4-409-23051-0 C1036

韓国で日本のテレビ番組はどう見られているのか

二〇一二年 四 月二〇日 初版第一刷印刷
二〇一二年 四 月三〇日 初版第一刷発行

著者 大場吾郎
発行者 渡辺博史
発行所 人文書院
〒六一二-八四四七
京都市伏見区竹田西内畑町九
電話〇七五・六〇三・一三四四
振替〇一〇〇〇-八-一一〇三

印刷所 創栄図書印刷株式会社
製本所 坂井製本所
装幀 上野かおる
装画 奈路道程

山田奨治著

日本の著作権はなぜこんなに厳しいのか

二四〇〇円

懲役一〇年！　罰金三億円！
いつの間にか、とんでもないことになっていた！

急速に厳罰化する日本の著作権法、その変容の経緯と関わる人びとの思惑を丁寧に追い、現状に介入する痛快作。すべての日本人必読。各紙はじめ、ネット上でも話題沸騰。

表示価格（税抜）は2012年4月